刺五加

刺五加温室栽培

刺五加大棚栽培

大叶芹林下栽培

大叶芹棚室栽培

老山芹

老山芹温室栽培

老山芹大棚栽培

鸭儿芹

3

鸭儿芹温室畦床栽培

鸭儿芹大棚栽培

东北羊角芹

4

风花菜

荠 菜

柳 蒿

5

柳蒿温室栽培

柳蒿大棚栽培

牡 蒿

6

山尖菜

东风菜棚室栽培

苣荬菜

7

蒲公英

蒲公英温室畦床栽培

蒲公英大棚栽培

杏 参

桔 梗

玉 竹

牛尾菜

藿香露地栽培

藿香温室栽培

藿香大棚栽培

薄荷

薄荷温室栽培

薄荷塑料大棚栽培

紫苏露地栽培

紫苏温室栽培
（陈贵林提供）

马齿苋棚室栽培

马齿苋花序
（王本辉提供）

猫爪子露地栽培

猫爪子温室栽培

苋菜（张建国提供）

地 榆

14

蕨 菜

蕨菜大棚栽培

东北鸭儿芹与刺
嫩芽混作套种

15

刺嫩芽根腐病危害状

大叶芹灰霉病危害状

老山芹白粉病危害状

北方山野菜高效生产

主　编

谢永刚

编著者

程贵兰　李洪淼

胡岳文　张广燕

金盾出版社

内 容 提 要

本书由辽宁农业职业技术学院专家编著。作者根据多年来对北方山野菜引种栽培试验所积累的经验,针对广大农民和种植专业户蔬菜栽培基础知识相对较差的特点,理论结合实践,深入浅出地介绍了山野菜生产技术。书中讲述了 26 种常见山野菜的形态特征、生态习性及分布、种苗繁育、采收与加工及病虫害防治等方面的科学知识,并对 26 种常见野菜的林下、荒坡地等露地栽培技术,日光温室、大中小棚反季节栽培技术作了详细介绍。内容系统全面,重点突出,技术操作真实、直观、可信,可供山野菜生产人员、经营管理工作者和农业院校师生阅读参考。

图书在版编目(CIP)数据

北方山野菜高效生产/谢永刚主编 . — 北京 : 金盾出版社, 2013.9

ISBN 978-7-5082-8094-3

Ⅰ.①北⋯　Ⅱ.①谢⋯　Ⅲ.①野生植物－蔬菜－蔬菜园艺　Ⅳ.①S647

中国版本图书馆 CIP 数据核字(2013)第 027980 号

金盾出版社出版、总发行

北京太平路 5 号(地铁万寿路站往南)

邮政编码:100036　电话:68214039　83219215

传真:68276683　网址:www.jdcbs.cn

封面印刷:北京印刷一厂

彩页正文印刷:北京燕华印刷厂

装订:北京燕华印刷厂

各地新华书店经销

开本:850×1168 1/32　印张:6.75　彩页:16　字数:150 千字

2013 年 9 月第 1 版第 1 次印刷

印数:1~7 000 册　定价:15.00 元

前 言

随着人们生活水平的提高、副食品消费习惯的改变和保健意识的不断增强,追求高质量、无污染、新口味的新特蔬菜已成为一种时尚。山野菜不仅风味独特,食用方法多样,而且具有较高的营养价值和保健作用,有的野菜甚至有抗癌功效,开发前景十分广阔。

近10年来,辽宁省东部山区乃至吉林省、黑龙江省山野菜生产发展迅速,市场需求量逐年增加,很有发展前景。山野菜种类繁多,形态各异,有些野菜种类在某些地区已经形成了规模化和产业化,产品不仅当地销售,甚至远销日本、韩国、欧美等国家,如刺嫩芽、大叶芹、短梗五加等;有些种类仍在深山老林之中有待人们去开发利用。春季市场上看到的产品大部分是山区农民通过上山采集以大堆菜的形式上市销售,品质较差,价格偏低;个别品种,如刺嫩芽、大叶芹、蕨菜、老山芹等单独销售,价格较高,有的超市中每千克刺嫩芽售价达到100元。目前,野菜产业缺乏良好的市场导向,难以形成全局性、统一的大市场,其主要原因是野菜分布地域性较强,以及传统的消费习惯。野菜产业要想健康发展,必须牢固树立品质观念和品牌意识,打入超市,主动占领市场先机。

野菜开发首先必须注意安全性。市场上销售的大堆菜买回来以后最好经过细致挑选后食用,以免混入剧毒植物;在野菜食用方法上也要注意,最好先用沸水焯一下,浸泡一宿再食用,如短梗五加;在野菜引种栽培上更要注意,野外引种一定要细致,以免混入剧毒植物的种子或种苗,如大叶芹、老山芹野外引种容易混入毒芹,因此最好从科研院所、大专院校等科研部门引种。

野菜开发要重视野生种质资源的保护。近几年来,由于野菜市场需求量大,价格较高,人们非保护性采食,造成野生种质资源的严重破坏,如刺嫩芽、刺五加等。刺五加已被列入濒危植物。在开发野生资源的同时一定要重视种质资源的保护,合理开发利用。

野菜栽培不仅要注重高产,还要注重品质,这就需要优质高产栽培技术。笔者通过走访山区部分菜农和种植专业户,了解到他们迫切需要有关山野菜优质高产栽培方面的实用技术,尤其是反季节栽培技术。为此,组织了从事山野菜研究和有生产经验的人员编写了此书,供广大农民朋友参考。

本书本着理论联系实践,科学性与实用性并重的原则,在查阅大量文献的基础上编写而成。编写了目前市场上较为流行且较具有开发前景的 26 种山野菜的种类识别、营养成分及保健价值、生物学物性、栽培与加工技术、反季节栽培技术。辽宁农业职业技术学院吴国兴教授对书稿提出了非常宝贵的意见,在此表示感谢!

由于时间仓促,编者水平有限,书中难免有不足之处,敬请各位同行和广大读者批评指正,以便修改。

编 著 者

目　录

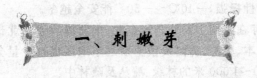

一、刺嫩芽

（一）概　述

刺嫩芽［*Aralia elata*（Miq.）Seem.］又名龙牙楤木、东北楤木、辽东楤木，俗名刺龙芽、刺老芽、刺老苞、树头菜、五郎头、鹊不踏、鸟不宿、五龙头、霸王菜等，为五加科楤木属植物。刺嫩芽的嫩芽为食用部分，深受人民群众的喜爱，是我国东北最著名的山野菜，素有"南香椿、北龙芽"的美称。刺嫩芽也是我国出口创汇的主要山野菜品种之一，被日本人称为"天下第一的美味"，在我国、日本、韩国及东南亚市场上深受欢迎。

1. 形态特征　刺嫩芽为落叶小乔木或灌木。小枝棕色，疏生多数长 1～3 毫米细刺，基部膨大；嫩枝上常有长达 1.5 厘米的细直刺。叶互生，二回或三回羽状复叶，长 40～80 厘米；叶轴和羽片轴基部常有短刺；羽片有小叶 7～11 个，纸质或膜质，阔卵形、卵形或椭圆状卵形，长 5～15 厘米，宽 2.5～8 厘米，先端渐尖，基部圆形至心形，少数阔楔形，边缘疏生锯齿，无毛或两面叶脉有柔毛和细刺毛。圆锥花序长 30～45 厘米，伞房状，主轴短，长 2.5 厘米，分枝在主轴顶端排列成指状，密生灰色短柔毛；花黄白色；子房下位，5 室，花柱 5 个，离生或基部合生。果实球形，黑色。花期 6～8 月份，果熟期 9～10 月份。种子肾形，千粒重 1.4 克左右。

2. 生态习性及分布　刺嫩芽对土壤要求不太严格，从沙壤土、黏壤土、黄泥土到黑泥土均可良好地生长。但喜疏松肥沃中性或偏酸性壤土或沙壤土,喜温暖湿润气候,25℃～30℃的温度较为适宜,抗寒性极强,－40℃～－50℃能安全越冬。

刺嫩芽在我国主要分布于东北、华北以及河南北部、云南、贵州等地,日本、朝鲜、韩国及俄罗斯远东地区也有少量分布。生长于海拔250～1 000米的林缘、灌丛及疏林中。

(二)种苗繁育

1. 种子繁殖

(1)种子采收与调制 刺嫩芽的浆果9～10月份黑熟。此时,采集浆果,将其晒干,搓去果皮、果肉后,筛选种子备用。

(2)种子的处理 11月中旬,将种子用30℃左右的温水浸泡4～6小时,然后将种子捞出,沥干水分,与湿度为饱和持水量的60%、体积为种子5倍的细河沙混合均匀,进行层积催芽。

(3)播种育苗 3月下旬至4月上旬,选择肥沃疏松的沙质壤土,做宽1米、高10厘米、长度依具体情况而定的苗床,当10厘米地温稳定在12℃时,采用横床开沟,沟深1～1.5厘米,间距20～25厘米,将层积后的种子均匀撒于沟内,覆土厚度0.5～1厘米。播种后浇1遍透水,覆塑料薄膜或遮阳网等覆盖物,待子叶出土后,将覆盖物揭去。生长期及时浇水、施肥,当年秋季幼苗可长至20厘米左右。

2. 根段扦插

(1)扦插方法 春季发芽前或结合移栽,以1～3年生的幼树为母树,以树干为中心点,距树干30厘米处,向外挖取侧根。选择直径在0.5厘米以上的侧根,将其剪成长3～5厘米根段。将根段与相对湿度40%左右的河沙混合后,在15℃条件下沙藏20天左右,待愈伤组织形成后,进行扦插。扦插基质为草炭、珍珠岩、蛭石比例为2∶1∶1的复合基质,基质消毒后装入营养钵(上口直径

8~10 厘米)中。浇透水,将根段平放于育苗钵中,覆盖 0.5~1 厘米厚的基质,然后用细眼喷壶浇 1 遍透水。

(2)插后管理　用双层的废旧遮阳网覆盖于育苗钵上,主要起保湿和透气的作用。当基质表面发白时应浇 1 遍透水。夜温高于 15℃、日温低于 30℃条件下,20 天左右幼苗便可出土,及时将出土后的幼苗拣出,置于遮光度为 50%的荫棚中,当幼苗有 2 片叶展开时,可叶面喷施 0.1%磷酸二氢钾和 0.1%尿素,促进幼苗和根系的生长,此时可移出荫棚,有条件的可于遮光度 30%的条件下过渡一下。当年秋季扦插苗可长至 20 厘米左右。刺嫩芽幼苗期易感立枯病,出苗后每隔 10 天左右喷 1 次 70%敌磺钠可湿性粉剂 500~800 倍液,或 50%多菌灵可湿性粉剂 1 000 倍液,效果较好。

(三)栽培技术

1. 林下、荒坡地栽培技术

(1)选地　阔叶林中、林下、林缘,红松林下,针阔混交林下或山的阴坡、沟边等土壤湿润、肥沃、疏松的地块均可栽培刺嫩芽。森林郁闭度为 0.3~0.5,林下目的树种较少,以利于清除。

(2)清林整地　播种前一年的秋季进行清林,翌年春季进行播种或扦插育苗。清林的目的是将林下的杂草、灌木清除干净,以提高刺嫩芽的竞争优势。

整地时需将地表的草根等地被物刮净,露出表土。栽培带依地势而建,能将水顺下即可。定植前先深翻土地,之后做宽 1 米左右、高 20~30 厘米的畦,长度因实际情况而定。

(3)定植方法　秋季落叶后或春季萌芽前进行定植,定植穴深 30 厘米左右,穴距 0.5 米,每畦定植 1 行,栽植深度 15~30 厘米。为促进生长,每穴施入硝酸铵 15~20 克、硫酸钾 5~10 克,与土混匀,上盖一层土以防烧苗。

(4)管理技术　定植后的 2～3 年内,因刺嫩芽未形成郁闭的冠群,林下易滋生杂草,应及时清除林下的杂草灌木,以促进刺嫩芽的生长。一般定植 3 年后刺嫩芽能形成郁闭的冠群,此时能有效地抑制林下杂草灌木的生长。2～3 年生的植株每年春季采芽后,保留靠近枝条基部的 4～5 个侧芽,侧芽上端部分剪除。刺嫩芽连续采芽 5 年后,最好于当年 11 月末进行平茬复壮,因此时刺嫩芽已解除生理休眠,其具体方法是将老株从树干基部砍除。平茬后的树干,可用于冬季水培刺嫩芽。荒山或林下栽培的刺嫩芽,春季可不采芽,作为冬季生产材料,其经济效益更加可观。

2. 日光温室反季节栽培技术　利用荒山、坡地、自家的山场林下、大田地等栽培刺嫩芽,春季不采芽,作为冬季生产的材料。一般 2～3 年以上生植株,每 3 335～6 670 米^2(5～10 亩)可供 1 个温室(大棚)生产 1 茬,经济效益十分可观。

(1)枝条的采收　刺嫩芽为木本多年生植物,秋季落叶后芽进入深休眠状态,需一定时期的低温才能萌发。因此,冬季采收刺嫩芽枝条的时间应在芽解除生理休眠期后进行。辽南地区可在 11 月末采收,辽北以北地区可在 11 月上中旬采收。从山林中采收树条应在下雪前采收。从露地栽培地中采收树条不受时间限制,可根据生产需要,随时采收。采下的树条,要尽快使用,不可风干。

(2)温室条件　采用普通温室即可。刺嫩芽生长要求温度最低在 5℃以上,最高不超过 35℃,温室内日平均温度 20℃左右,空气相对湿度控制在 70%～80%,自然光照即可。

(3)插条方法

①无基质水插　先在温室大棚内南北向做槽,宽 1 米,深 20 厘米,长度因温室跨度而定。畦槽之间留 30～40 厘米宽的作业道,槽内铺 1.5 米宽的硬塑料,四周高出地面 25 厘米,以便贮水。做畦前,需在棚角挖宽 60 厘米、深 50 厘米的东西向渗水沟,以便换

水。每茬在生产中期换1次水即可（视具体情况而定）。

畦槽内铺放用0.2%～0.5%高锰酸钾溶液或70%甲基硫菌灵可湿性粉剂1 500倍液消毒过的稻草把，15～20厘米厚，将刺嫩芽枝条剪成长40厘米左右，经消毒处理后，竖直插入稻草把中，每平方米插入500～800个枝条。也可将枝条剪成长40厘米左右，每50～100个扎成1捆，竖直放入畦槽内，每平方米可放入800～1 000个枝条。

枝条放满一畦槽后，向槽内注水20厘米深，正常管理30～40天后进行采收，一般采收2～3次，采后将枝条清除，排干水，畦槽和草把重新消毒处理后进行下一茬生产。每冬季可生产3茬。

②有基质畦插 先在温室内南北向做畦床，宽1.0～1.2米，深20厘米，长度不限。畦槽之间留30～40厘米宽的作业道，畦床底铺入与畦床长宽相当的农用地膜。地膜上平铺20厘米厚的基质，基质可用河沙、细炉渣、蛭石＋珍珠岩、木屑等。基质铺好后，用直径1.5厘米的尖木棍在畦床上每平方米均匀打20个深孔，要求一定要刺透地膜，以便渗水。渗水孔打好后，整平基质，浇透水。

将刺嫩芽枝条剪成长15～20厘米插段，剪条时，在距离顶芽20厘米处45°角斜剪；侧芽（饱满芽）在其上1.0厘米处对侧45°角斜剪，在其下15～20厘米处对侧45°角斜剪。将插条竖直插入基质中，深度12～15厘米，每平方米可插枝条500～800个，顶芽和侧芽要分开插，以便管理和采收。插满后，浇1次透水，以便让枝条与基质充分接触。一般正常管理30～40天可采收。采收1～2次后，清除插条，进行下一茬生产。

3. 塑料大棚反季节栽培技术 早春可利用塑料大棚进行刺嫩芽生产，辽南地区4月1日开始上市，4月10日左右结束生产，经济效益可观。该项技术易于掌握，投资小，易形成规模。具体做法：11月份前在露地建造东西向大棚拱架，拱高2.0～2.5米，宽10～12米，长60～70米。棚内正中间留60～80厘米宽的人行

一、刺嫩芽

道,在人行道两侧挖畦沟,宽 1 米,深 40~50 厘米,长度视棚宽而定。畦沟之间留 60 厘米宽的作业道。11 月初,将直径 1~2 厘米、高 1 米左右的植株带根移入大棚内,每平方米畦床可移入 50~100 株。移入后根部覆土,四周踏实。随即灌 1 次透水让根系充分与土壤接触,待水渗下后再将露根处用薄土覆盖。翌年 3 月初扣塑料薄膜升温,晴天中午放风,干时浇水。7 天左右芽伸长,20 天后陆续采收 3~5 次。生产结束后,在植株基部留 2~3 个叶芽平茬。平茬后拉大放风口,2 天后可取出植株移栽到露地,成活率 90% 以上。移栽时修剪根,剪下的根条用于插根育苗。

4. 刺嫩芽、刺五加和大叶芹混作套种　由于刺嫩芽单位面积产量较低,可将刺嫩芽、刺五加和大叶芹混作套种。

(1)露地混作套种栽培技术

①选地整地做畦　选择地势平坦的沙壤土或壤土地进行整地,每 667 米² 施入腐熟优质农家肥 3 000 千克,旋耕后做高 20 厘米、宽 120 厘米、长 15~20 米的高畦,畦的行向最好为南北向延长,畦间距为 40 厘米。

②定植与管理　刺嫩芽、刺五加在 3 月下旬至 4 月上旬萌芽前土壤解冻后定植。在畦中央间距 0.5 米挖 30 厘米深穴定植刺嫩芽。为了促进生长,每穴施入硝酸铵 15~20 克、磷酸二铵 10~15 克、硫酸钾 5~10 克,与土壤混匀,上盖一层土,以防烧苗,影响成活。栽植深度 15~30 厘米。在距畦边缘两侧间距 0.3 米挖 30 厘米深穴定植刺五加,施基肥与定植方法同刺嫩芽。刺嫩芽采用 1 年生优质苗,标准是地茎 1 厘米以上,高 15 厘米以上,主根长 20 厘米,侧根 6~7 条粗壮;刺五加采用 2 年生优质苗,标准是地茎 0.5 厘米以上,高 20 厘米以上,主根长 20 厘米,侧根 8~12 条粗壮。定植后立即浇定植水,翌日上午浇 1 次缓苗水,待水自然渗下再培土。大叶芹 3 月下旬至 4 月初育苗,6 月份(3 叶期,苗高 6~8 厘米)定植,定植时,将畦面耙平,按每穴 3~4 株、穴行距 8~10

厘米移栽定植,定植后浇透水,待土壤表层风干后松土。每5～7天(视土壤、天气情况)浇1次透水,地表保持湿润。及时中耕除草,松土深度为2～3厘米,过深易伤根。缓苗后每隔30天左右,每667米²施稀薄农家液肥1000千克,有条件的追沼液肥效果更好。8月上旬至9月下旬,喷2～3次0.3%～0.5%磷酸二氢钾溶液,促进根系发育,增加大叶芹根蘖。一般情况下,刺嫩芽当年可长至1～1.5米,刺五加可长至0.8～1米,大叶芹当年可长至25厘米以上。11月上旬将刺嫩芽、刺五加及大叶芹枯叶清理出园,集中烧毁。然后浇1次透水,以利越冬。翌年春季土壤解冻后浇1次透水,以后视土壤情况浇水。

③采收及采后管理　4月下旬至5月上旬(辽南地区),刺嫩芽长至15厘米,刺五加长至15～20厘米,大叶芹长至25厘米,同时采收上市。采收的方法是:刺嫩芽用剪刀在距鳞叶基部以下1厘米处平割,刺五加用剪刀在每嫩枝基部留2个芽平剪,大叶芹用镰刀在距基部2～3厘米处平割。采收的刺嫩芽、刺五加及大叶芹每500克扎1捆上市销售。

采收后浇水追肥方法同前。刺嫩芽头一年只采顶芽,以后可顶、侧芽都采,采后进行修剪整枝,方法是第一年将1年生枝剪留1/2定干,以后每年将1年生枝条剪去1/3左右,剪口距芽上1厘米处平剪,最好留外侧芽,以便扩大树冠,提高翌年产量,以后树体高度维持在1.5米左右。刺五加修剪整枝方法是:树体高度在80厘米时定干,每年春季采摘时,在新梢基部留2个叶片短截,待二次新梢萌发后进行二次采摘,采摘后在新梢基部留2个叶片短截,以后不再采摘,维持树体高度1米左右。

为了能够提早上市,可在头年秋季搭设4.5米宽塑料中拱棚,每个拱棚扣3行畦。产品可在4月初上市(辽南地区)。

(2)日光温室混作套种栽培技术

①整地做畦　日光温室采用熊岳Ⅲ型高标准日光温室,长80

米,跨度 8 米,高 3.5～4 米,整地做畦方法同露地栽培,采用南北向做 20 厘米高畦。

②定植与管理　刺嫩芽、刺五加和大叶芹的定植与管理方法同露地栽培。

③扣棚膜及升温　11 月上旬将刺嫩芽、刺五加及大叶芹枯叶清理出园,集中烧毁。浇 1 次透水,然后扣棚膜,随即覆盖草苫。将草苫卷至棚底脚放风口上缘处不动,打开放风口,以利低温解除刺嫩芽、刺五加及大叶芹的生理休眠。12 月上旬开始每日卷放草苫升温(辽南地区),辽北地区可在 11 月 20 日升温。

④采收及采后管理　升温后 40 天左右刺嫩芽、刺五加便可长至 15 厘米左右,此时便可采收,采收方法同露地栽培。大叶芹采收时间较晚,在 2 月上旬才能长至 25～30 厘米,此时正适春节前,采收方法同露地栽培。采收后对刺嫩芽、刺五加的修剪方法同露地栽培。采收后要对大叶芹进行 1 次追肥,方法同露地栽培。

⑤二次采收及采后管理　3 月上中旬,刺五加嫩茎又可长至 15～20 厘米,可进行二次采收,采收方法同露地栽培。此时大叶芹又可长至 25～30 厘米,用镰刀在距基部 5 厘米处平割,注意不要割到生长点,否则不能正常开花结实。刺嫩芽不进行二次采收。采收后管理方法同前。

⑥揭膜　5 月上旬,为了避免病害发生,应及时揭去棚膜,揭下的棚膜保存好,翌年可继续使用。揭膜后管理方法同露地栽培。至 11 月上旬扣棚膜进入下一个生产周期。

大叶芹每年 6～7 月份开花,8～9 月份果实成熟,要及时采收种子,每 667 米² 可采收种子 30～50 千克。

(3)塑料大棚混作套种栽培技术

①整地做畦　塑料大棚采用长 80 米,跨度 10 米,高 3～3.5 米,整地方法同露地栽培,采用南北向做 20 厘米高畦。

②定植与管理　刺嫩芽、刺五加和大叶芹的定植与管理方法

同露地栽培。

③扣棚膜与管理　辽宁地区2月上旬扣棚膜。扣棚后,浇1次水,当地温上升至5℃～7℃、气温3℃～6℃时,大叶芹开始萌芽抽茎缓慢生长;当地温上升至12℃、气温10℃以上时生长迅速。在不加温的条件下,3月中下旬鲜菜长至20～30厘米高时可采收上市。刺嫩芽、刺五加在扣棚7天后萌动,3月下旬鲜菜长至15～20厘米,可采收上市。采后对刺嫩芽、刺五加按露地栽培方式修剪。进入4月份,气温开始升高,要注意放风降温,气温不要超过30℃。5月初大叶芹可再采收一茬,采收方法同日光温室二次采收。

④揭膜　大叶芹二次采收结束后,要及时揭去棚膜,揭下的棚膜保存好,翌年继续使用。以后按露地栽培方式管理。翌年2月上旬扣棚膜,进入下一个生产周期。

(四)采收与加工

1. 采收　刺嫩芽一般在4月下旬萌芽,4月下旬至5月初采收,顶芽收获期为7天左右。顶芽采收后10天左右,收获萌发的侧芽。侧芽采收时,应保留一定的侧芽,使其长成枝条,以供树体生长和翌年采收嫩叶芽。采收后的芽要将芽基外苞叶去掉,按以下标准进行分级:一级品芽长4～12厘米,茎粗1厘米以上,茎粗小于1厘米的为二级品。为提高产量,人工培育时可在顶芽8～12厘米时采收,每110～120个顶芽可产一级品1千克。

2. 加工

(1)刺嫩芽罐头加工工艺流程

①原料分选、修整　采回的原料应及时处理,去掉基部苞叶,拣出变色的和已经木质化的嫩茎及叶柄,并分级摆放整齐。

②清洗　将修整好的原料放在流水下冲洗,以除去泥沙、寄生

虫及其他微生物等杂质。冲洗用水必须符合 GB 5749 要求。水流量以能使原料翻动为度,彻底清洗后,捞出沥干。

③预煮 水中加入 0.2%～0.5%柠檬酸及 0.2%焦亚硫酸氢钠,防止原料被氧化,保护原料色泽,增加风味,而且利于杀菌。原料与水比为 1∶1.5 为宜。将处理好的原料倒入沸水中煮 5～10 分钟,以破坏原料的酶活性和杀死各种微生物。

④漂洗 将预煮好的原料捞出,放入事先用 0.03%高锰酸钾液消毒过的清洗槽中,然后放入清洁的冷水,边放边排,使其迅速冷却。

⑤装罐 把经过冲洗冷却的原料一捆捆摆好,称好重量,迅速按标准装罐,尽量减少停留时间,避免空气及其他环节污染。

⑥注汤 为了增加罐头的适口性,需调配注汤。配方:柠檬酸 0.2%,精盐 0.3%～0.5%,味素 0.1%～0.3%,白糖 0.3%～0.5%,开水 98.5%～99.1%。将配好的注汤加热,当达 80℃～85℃时,注入装好刺嫩芽的罐头瓶中。尽量注满罐,不留空隙。

⑦封罐 趁注汤后的热罐,立即封罐,罐内真空度应在 50.5～53.2 千帕。

⑧杀菌、冷却 封罐后应及时杀菌,从封罐至杀菌间隔不能超过 2 分钟。采用常压杀菌法:将罐头装入铁筐里放入 40℃～50℃水锅内,盖上锅盖,加大火力,使水温在短时间内迅速达到 100℃,保持温度达 15 分钟,然后开盖,把装罐头的铁筐一起抬出,逐步分别放入不同水温的水槽内冷却至 30℃～20℃时沥水。

⑨抹罐、入库 沥水后,趁罐内余热立即将罐外水珠擦净,检查合格后,贴标签,装箱入库。

(2)盐渍刺嫩芽加工方法 春季采下的芽菜每 500 克扎成 1 小捆,鲜售。如出口或贮藏,将当日采收的嫩芽,除去芽基部的鳞片,捆成小捆,按一层嫩芽一层盐的顺序,放入大缸或其他容器中,盐量要逐层增加,最上层要多放些盐。装满后盖上木盖,压上石头，使嫩芽全部浸入饱和盐水中。

（五）病虫害防治

刺嫩芽在野生状态下未见有病害发生。但在栽培条件下，常因选地不当或生长期作业伤根等原因引发病害。最严重的是立枯病，症状表现为病株新梢缺乏生机，数日之内急速萎蔫立枯，根部表皮内组织水渍状，呈淡褐色至黑褐色，软化腐败。以发病株为中心，向四周辐射扩展。防治方法是将病株及其相邻株挖出烧毁，病穴用甲醛等药物消毒；不在病园内挖根做扦插材料；建园避开排水不良的地块和老参地；生长季节不进行可能伤根的作业，如机械除草、培土等。另外，栽植密度大、高温高湿季节易发生疮痂病和白绢病。对疮痂病，在休眠期喷施 10% 苯醚甲环唑可湿性粉剂 2 000 倍液进行预防；对白绢病，栽前用 50% 苯菌灵或 70% 甲基硫菌灵可湿性粉剂 500 倍液处理种苗和根段。在新芽生长期，若有蚜虫，可在发生蚜虫的枝干上涂杀虫药剂。

刺嫩芽在生产过程中，不提倡使用农药、化肥。春季一次性施用腐熟农家肥作基肥，不必追肥，可避免化肥残留。

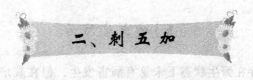

（一）概　述

刺 五 加［*Acanthopanax senticosus*（Rupr. et maxim.）Harms.］俗名乌鸦子、刺拐棒等,为五加科刺五加属植物。刺五加一直是辽东山区民间喜食的山野菜珍品,也是贵重的中草药。近年来才陆续进行人工栽培,产品除供应国内市场外,还远销日本、韩国、欧美等国家。

1. 形态特征　刺五加为灌木。茎通常被密刺并有少数笔直的分枝,有时散生,通常很细,长,常向下,基部狭,一般在叶柄基部刺较密。掌状复叶,互生,有小叶 5 枚,有时 3 枚,纸质,有短柄,上面有毛或无毛,幼叶下面沿叶脉一般有淡褐色毛,椭圆状倒卵形至矩圆形,长 7～13 厘米,边缘有锐尖重锯齿;叶柄长宽 3～12 厘米,小叶柄长 0.5～2 厘米。伞形花序单个顶生或 2～4 个聚生,具多花,直径 3～4 厘米,总花梗长 5～7 厘米,无毛;花梗长 1～2 厘米,萼无毛,几无齿至不明显的 5 齿;花瓣 5,卵形;雄蕊 5;子房 5 室,花柱合生成柱状。果几球形至卵形,长约 0.8 厘米,有 5 棱。花期 7～9 月份,果熟期 9～10 月份。种子扁肾形,千粒重 10～12 克。

2. 生态习性及分布　刺五加为阳性树种,且耐阴,在荫蔽度 50%～60% 条件下均能良好生长,菜用栽培时要适当遮光。对土壤要求不严,但喜腐殖质较多的壤土,适宜 pH 值 6～8。喜冷凉,耐寒怕热,-40℃能安全越冬,高温强光叶片变黄,边缘日灼。喜湿润，耐干旱，怕水涝。喜生于林缘或开旷地、山坡灌丛、山沟溪流附近等处，单生或成小丛。

刺五加主要分布于我国黑龙江、吉林、辽宁、河北、山西省，朝鲜、俄罗斯、日本等国家也有分布。在辽宁省主产于鞍山、抚顺、本溪、丹东、营口、辽阳、铁岭的深山中。

（二）种苗繁育

1. 种子繁殖

（1）种子采收　刺五加果实 8～9 月份成熟，宿存在植株上。一般在 9 月份后进行采收。采收后的果实放入清水中浸泡 24 小时，搓掉果皮后反复用清水洗净种子，将其捞出后于阴凉干燥处晾干，装入布袋中备用。

（2）种子处理　刺五加种子需在一定条件下完成生理后熟才能萌发。在春季播种前 100 天，清水浸种 24～48 小时，捞出后用 0.5％高锰酸钾溶液浸泡 2～3 小时，将种子与湿度为饱和持水量的 60％、体积为种子 2～3 倍的河沙混合均匀，置于 10℃～20℃的室内，经常翻动，并保持沙子的湿度，经过 90 天后即可见到 0.2～0.3 毫米的种胚，此时可进行播种。

（3）播种育苗　4 月中下旬，10 厘米地温上升到 10℃以上便可播种育苗。育苗地选择一般的菜园地即可，整地做畦后按行距 15 厘米，沟深 2～3 厘米，将种子均匀撒于沟内，覆土 1 厘米，浇水，覆塑料薄膜保湿。30 天左右出苗，苗高 6 厘米时，可结合中耕除草进行间苗，株距保持在 10～15 厘米，干旱时应及时浇水。翌年春季萌芽前，可挖苗移栽，或当年入冬前起苗放入窖中，翌年春季移栽。

2. 扦插繁殖　6～8 月份选择生长充实、半木质化枝条，剪成长 10～15 厘米，2～3 个节，上端距芽 1 厘米，切口平齐、下端距芽

1 厘米处剪成斜口,叶片剪去 1/3,保留上部 2～4 片叶,将插条捆成捆,然后将其基部浸入 100 毫克/升的吲哚丁酸(IBA)溶液中浸泡 30 分钟,按株行距为 5 厘米×5 厘米的规格,分批插入厚度为 10～15 厘米细沙做的苗床中,浇水后搭塑料小拱棚,并覆盖遮阳网保温保湿,15 天左右便可生根,生根后加强通风。1 年后可移栽定植。

3. 分株繁殖 早春将植株周围萌发的幼株连根挖出或连同母株一起挖出后进行分株。或在早春萌发前将刺五加的根系挖出,一丛分成 6～10 份,剪掉长根、损伤根和根上的全部枝条,按 60 厘米×60 厘米株行距栽入苗圃。每穴当年可萌发 5～10 个枝条。因分株苗严重破坏野生资源且成本高,不提倡用此方法繁殖。

(三)栽培技术

1. 林下、荒坡地栽培技术

(1)选地 刺五加性耐阴,喜湿润和较肥沃的土壤。造林地可选择在针阔混交林或阔叶林的林中空地或林缘均可。上层林冠郁闭度为 0.3～0.5,坡向选择半阳坡、半阴坡皆可。但阳坡的荒山及阳陡坡柞桦林下不利于刺五加生长,林下栽培时不宜选择。

(2)清林整地 栽植前提前清林或上一年秋进行清林,清除掉场地中的杂草、灌木丛、杂树等,适当保留一些幼小的乔木,其间隔距离在 2 米左右,可以起到遮光的作用,另外多树种混生有利于减少病虫害的发生。栽植前深翻土地,有条件的可每 667 米^2 施入腐熟农家肥 3 000 千克。

(3)整地定植 刺五加在土壤解冻后树体萌芽前(一般在 3～4 月份)或秋季落叶后定植。根据场地的走势和坡势横向和纵向定点,按行距 1 米,株距 30～40 厘米,可每 667 米^2 植刺五加 4 000 株左右。定点后挖定植穴,穴的直径在 30 厘米左右,深度 20～40

厘米,穴底施农家肥 6～8 厘米,然后上覆一层土,便可定植刺五加。定植后 1 次灌足定植水,遇干旱年份应及时补水。生长期结合中耕进行除草,除草时忌伤根。有条件的在生长季,每 667 米² 施腐熟农家肥 1 500 千克,每年上冻前和化冻后应浇 1 次透水。每年春节萌芽前 1 个月进行平茬,具体做法为,在树干基部 1～2 厘米处用剪枝剪将树干剪掉,剪口平滑,留茬高度不超过 2 厘米。平茬后每 667 米² 施优质农家肥 1 500 千克。

2. 日光温室反季节栽培技术

(1)整地定植 日光温室栽培刺五加可以在 11 月初或 12 月初。为加大温室内栽培密度,增加单位面积产量,多采用池畦多层栽培的方法。具体做法是在温室内按南北走向挖深 40 厘米、宽 80～100 厘米浅池。在池底铺一层 10 厘米厚的腐熟农家肥,上面再覆一层土。将捆好的小捆刺五加成苗栽入池中,根系可以相互重叠,栽完一层盖一层土,踩实;一般一池可以栽培三层。定植后浇定植水。

(2)温湿度管理 定植前期温室内昼温控制在 18℃～25℃,最高温度控制在 27℃以内,夜温不低于 8℃。当嫩芽形成后昼温控制在 15℃～22℃,夜温控制在 5℃以上,此期加大昼夜温差有利于嫩芽生长得鲜嫩肥胖;若温度高于 25℃,易引起徒长,叶片容易伸开,易老化,从而导致品质下降。

成苗定植后浇足 1 次底水后,一般不需再浇水。但幼芽刚刚萌发时,需及时补充水分。若水分亏缺易导致茎叶萎蔫,植株生长缓慢。此时可向池内注水,使土壤相对含水量达 30%～40%,空气相对湿度在 85% 左右。若湿度小可向作业道或栽培池喷水增湿,若湿度过大可通过中午放风降低温室湿度。

(3)光照管理 刺五加成苗定植到幼芽发出前这一时期,需要充足的光照保证温室内的温度。幼芽长出时需适当控制光照,尤其是中午光照较强时需采用加盖遮阳网或放下草苫等方法降低光照。适宜的光照条件可以使幼芽鲜嫩、肥胖,叶片不易伸开,提高产品的产量和质量。

3. 塑料大棚反季节栽培技术 利用塑料大棚进行刺五加芽菜生产,每667米²大棚可生产芽菜750千克左右,4月1日开始上市,5月份结束生产,经济效益可观。该项技术易于掌握,投资小,易形成规模。具体做法如下。

10月下旬,在露地建造南北向大棚拱架,拱高2.5米,宽10米,长度60～70米。每667米²施入3000千克腐熟农家肥,沿棚长度方向整地做畦,棚正中间畦埂宽40厘米,畦面宽120厘米,每侧3畦,畦埂宽30厘米。

11月初,将露地生长的2～3年生苗连根挖起,按日光温室栽培方式进行定植,每667米²定植4500～5500株。栽植后踏实并浇透水,让根系充分与土壤接触,待水渗下后再将露根处用薄土覆盖,整平畦面。

2月初,先平茬然后扣塑料薄膜升温,浇1次透水,以后晴天中午应适当放风降温,干时浇水,保持大棚空气相对湿度80%～85%,温度15℃～25℃。扣棚膜7天左右芽开始伸长,30天后陆续进行采收,采收方法同前,一般可采收到5月中旬。生产结束后揭去棚膜,按露地栽培方式进行管理。揭下的棚膜保存好,可连续使用3年。以后每年春季2月末将棚架简单修理后扣膜,5月中旬揭膜。

(四)采收与加工

1. 嫩叶、芽的采收 嫩叶和嫩芽的采收于春季进行,采收后直接保鲜上市,或经盐渍后制酱菜、干菜供应市场。刺五加需注意合理采收嫩叶,因为叶是刺五加自身光合作用的器官,是有机物质制造的工厂,同时也是为人们提供营养物质的源泉。根内、树干内、叶内的养分都来自叶,生长、开花、结实的养分也全来自叶。采叶过多会影响生长,采叶过少影响经济效益,所以合理采收很重要。刺五加为落叶小灌木,当年萌发的新叶数量一般为15～30克/株。刺五加与常绿茶树不同,茶树可采去新叶留老叶,采去春芽留夏芽,仍可制造营养维持生长,若将刺五加新叶全部采光就失去光合作用器官。刺五加采收时常采用以下方法。

(1)采1留1法 每丛刺五加由多个单株组成,对其中一半采叶,另一半不采。

(2)隔带采集法 在一个刺五加林内采取,采集其中一半刺五加嫩叶、芽,另一半休养生息,贮备养分增强长势;或者采取多个刺五加林轮流采集,每个生长季使其一半林投入生产,另一半休养生息,2年轮换1次,保持刺五加的旺盛生长。连续多年采叶的刺五加林,长势衰弱应及时更新复壮。

2. 刺五加根的采集 5年生以上刺五加的根及树干是生产浸膏、提取刺五加苷的原料,10年生以上的刺五加根为提取浸膏的优质原料。无论是天然刺五加林还是刺五加人工林都应有计划地轮流采集,每年只对1/5的成熟刺五加进行采集,绝不能采取掠夺式采挖。根皮于夏秋两季挖取根部,洗净、剥取根皮晒干后,于通风干燥处保存。

3. 加工 春季采下的嫩茎按每500克扎成1小捆,鲜售。如出口或贮藏,可进行深加工。

(1)盐渍 将当日采收的嫩茎叶,每500克扎成1小捆,按一层菜一层盐的顺序,放入大缸或其他容器中,盐量要逐层增加,最上层要多放些盐。装满后盖上木盖,压上石头,使嫩茎全部浸入饱和盐水中。销售时倒入25千克的塑料桶中或用塑料袋包装。

(2)真空包装或制作罐头 将新采下的刺五加嫩茎去叶,挑选分级,清洗干净,切成小段,放入沸水中预煮1～2分钟,捞入漂洗槽中冷却,然后进行自动杀菌真空包装或装罐注液,封罐,最后杀菌冷却制成罐头。

(3)速冻加工　将新采下的刺五加嫩茎去叶,挑选分级,然后用刚抽出的井水浸泡降温,用转筒清洗机进行清洗,随后进行切分,切除尖端和基部木质化部分,将切分后的嫩茎放入 90℃的热水中,烫漂 1～2 分钟后,立即放入冷水中冷却,冷却后将其均匀放在振动式滤水机上沥干水分,然后放到振动布料机上均匀布料,通过隧道式冷冻机(冷风温度－18℃～－34℃,风速 400～1 000 米/分)进行速冻,用聚乙烯薄膜包装,放入－15℃以下冷库中冻藏。

(五)病虫害防治

刺五加长期生长在野生环境条件下,抗逆性强,很少有病虫害的发生。但在人工栽培的过程中,生长环境条件发生变化,容易发生一些病虫害。

1. 幼苗期病害　刺五加苗期易感立枯病,发病初期可在幼苗根部喷施 40%噁霉灵可湿性粉剂 1 000 倍液,或 42%甲霜・福美双可湿性粉剂 500 倍液,也可喷施 75%敌磺钠可溶性粉剂 800 倍液,每 15 天喷 1 次。最有效的方法是中耕除草时要注意避免可能伤根的作业,若有立枯病发生,则要立即将染病植株挖出,集中烧毁,将病穴用 50%甲醛 500 倍液消毒,翌年春季补栽。

2. 成苗期病害　刺五加成苗期间,遇温度高、湿度大、通风不良的环境条件时,易感霜霉病、黑斑病和煤污病,6～8 月份多发,主要危害叶片,叶片变黑,产生霉层、焦枯、畸形而引起早期落叶。应以采取农业防治措施为主,加强环境调控,及时将枯枝落叶、病叶等清理干净。药剂防治,霜霉病可喷施 50%多菌灵可湿性粉剂100 倍液,每 10 天 1 次,连续喷 3 次。黑斑病每 7～10 天交替喷施 50%异菌脲悬浮剂 1 500 倍液和 3%多抗霉素可湿性粉剂 500倍液,连续喷施 3～5 次,效果较好。煤污病可喷施 40%克菌丹可湿性粉剂 400 倍液，或 50％多菌灵可湿性粉剂 1 500 倍液，10～15 天 1 次，连续施用 2～3 次，可收到较好的效果。

3. 虫害 刺五加的虫害主要是蚜虫和介壳虫。可叶面喷施20％氰戊菊酯乳油或 80％敌百虫可溶性粉剂 800～1 000 倍液。也可喷施水煮猕猴桃根浸提液进行防治，或者用黄板进行诱杀。

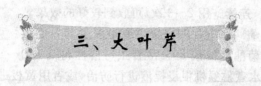

三、大叶芹

(一) 概 述

大叶芹[*Spuriopiminella brachycarpa*(Kom.)Kitag.]又名短果茴芹,俗名山芹菜、野芹菜、明叶菜、蜘蛛香等,为伞形科假茴芹属多年生草本植物。其食用部分为嫩茎叶,翠绿多汁,口味鲜美,具有很高的营养价值和保健作用,是色香味俱佳的山野菜之一,市场供不应求。大叶芹也是我国千吨级以上大宗出口的野菜产品之一。

1. 生物学特性

(1)形态特征 大叶芹为多年生草本植物,高50～120厘米。茎基部分枝。基生叶及茎下部叶矩圆状卵形,长5～16厘米,三出全裂或二回三出全裂,裂片矩圆披针形至倒卵形,顶端短渐尖,边缘有紧密重锯齿,表面无毛或两面沿脉上有粗毛;叶柄长5～16厘米;上部茎生叶简化成披针形,具牙齿状苞片。复伞形花序总苞片1～3个,线形至匙形,少有不存在;伞幅9～13个;不等长;小总苞片1～5个,丝状;花梗长3～10毫米;花白色。双悬果卵形至球形,长2～3毫米。花期7～8月份,果熟期8～9月份。

(2)生态习性及分布 大叶芹野生状态生长于山坡林下,海拔500～900米的林缘、草地、溪旁等阴湿地方,喜含腐殖质多的壤土与沙壤土。广布于东北及河北、山西、河南等省区。

（二）种苗繁育

大叶芹繁殖方式分为种子繁殖和根茎繁殖 2 种，为保护野生大叶芹的资源应以种子繁殖为主。

1. 选地整地 大叶芹喜肥沃、疏松、富含腐殖质的壤土或沙壤土，pH 值 5.0～7.0。为了培育优质壮苗，应选择排灌良好、腐殖质丰富的地块进行育苗。播种前先深翻土地 25 厘米左右，每 667 米² 施入充分腐熟优质农家肥 3 000 千克左右，整地耙平后做成宽 1.2 米、高 15～20 厘米、长 10～15 米的高畦，畦间距 30 厘米。

2. 种子处理 大叶芹种子具有深休眠的特性，需经低温层积处理才能发芽。8～9 月份种子采收后去除杂质，按 5 厘米左右的厚度放在阴凉避雨处，摊开晾，每天早晚各翻动 1 次，当种皮变黑褐色，手握有潮湿感时，按种子与细河沙 1∶3 混拌均匀，种沙相对湿度保持在 60% 左右，堆放在阴凉避雨处，经常翻动，干时补水。11 月初，在土壤封冻前，在室外选平坦处将种沙放入深 40 厘米左右的坑中，上与地平面齐平，地平面以上先盖 5 厘米左右的细河沙（相对湿度在 60% 左右），再盖 10 厘米左右厚的土，做成龟背形。3 月下旬临播种前，将种沙取出堆放在室内催芽，待 60% 种子露白时便可播种。大叶芹种子自采收至播种均需要湿藏，切忌将种子干燥后处理或处理后干燥。

3. 播种及苗期管理 春季露地育苗应在 10 厘米地温稳定在 5℃ 以上时播种，辽南地区在 3 月下旬至 4 月初播种，并需覆盖地膜保温、保湿。播种可条播，也可撒播。条播时开深 2 厘米、宽 5 厘米、行距 8 厘米左右的浅沟，沟内浇透水，待水渗下后将种沙撒入沟内，以每厘米长度隐约可见 2～3 粒种子为度，覆 0.5 厘米左右厚的细土；撒播时将畦面耙平后浇足底水，将定量的种沙按畦分成等份后均匀撒播,覆盖 0.5 厘米左右厚的细土。由于大叶芹种子自始至终都要湿藏,所以用种量以拌河沙前湿重量来计算,每 667 米^2 用种量需 7.5～10 千克。大叶芹播种后 10 天左右出齐苗,选择阴天或晴天傍晚撤掉地膜。苗期保持床面无杂草,根据天气情况适当浇水。子叶出土至第一片真叶展开需 20 天左右,第一片真叶展开至第三片真叶展开需 40～45 天,6 月上中旬,苗高 6～8 厘米可进行移栽定植。

(三)栽培技术

1. 林下、荒坡地栽培技术

(1)场地选择　郁闭度在 0.6 左右的阔叶林林下、林中,混交林的林缘,灌木丛的空地等,土壤潮湿,空气湿度大的地方都可栽培大叶芹。

(2)清林整地　栽植前清除场地中的杂草、灌木丛、杂树、石块等杂物,可适当保留一些幼小的乔木,其间隔距离在 2 米左右,可以起到遮光的作用。另外,多树种混生有利于减少病虫害的发生。

(3)整地定植　最好在定植前一年秋季至上冻前进行整地,刨地深度 20～30 厘米为宜,以冻死地下害虫、越冬虫卵、病原微生物等。结合整地对较为贫瘠的地块施肥,按 250 克/米^2 施入三元复合肥作基肥,同时每 667 米^2 施腐熟农家肥 2 000 千克。

春季定植前精细整地,打 60 厘米的大垄,床宽 1 米,高 5～10 厘米,长度依实际情况而定,床面要平整并浇足底水。6 月上旬或中旬移栽幼苗定植,每穴栽植 3～4 株丛栽,株行距为 5 厘米×10 厘米。

(4)栽培管理　移栽后要及时浇定植水,保证移栽苗成活。以后遇天气干旱时,视情况浇水。在无基肥情况下,缓苗后半个月左右,可结合浇水追施氮肥 1 次,促进幼苗生长;8 月上旬至 9 月下旬,叶面喷施 0.3%~0.5%磷酸二氢钾 2~3 次,促进根系发育,增加根蘗数量;10 月份以后停止施肥并减少浇水次数,11 月初有条件的地方浇 1 次透水。及时清除杂草,发现土壤板结时须进行松土,以 2~3 厘米为度,过深易伤根。如有缺苗,应随时补齐。适时修整树冠,保持一定的光照。严霜后地上部枯萎,应及时将枯萎植株地上部分清理干净。翌年春季化冻后可视土壤墒情,浇 1 次透水。辽南地区 3 月上旬大叶芹开始萌发。

2. 日光温室反季节生产技术

(1)整地做畦 在日光温室内深翻土地 25 厘米左右,每 667 米² 施入腐熟优质农家肥 3 000 千克左右,8 米跨度的日光温室沿东西方向做 4 条长畦,畦宽 1.5 米,高 15~20 厘米,长 10~15 米,畦间距 30~40 厘米。温室内沿东西方向架设 2 条微喷供水管带,距地面高度 40 厘米。

(2)定植及定植后管理 6 月上中旬,当苗高 6~8 厘米时,将畦面耙平后定植,按穴距 8~10 厘米,行距 8~10 厘米,每穴 3~4 株,开沟深度 15 厘米进行定植,浇透定植水以利缓苗。定植后,要在温室内挂遮阳网(遮光度 50%)遮阳,防止日灼病。每 5~7 天(视天气情况)喷 1 次透水,使地表保持湿润。及时中耕除草,松土深度为 2~3 厘米,过深易伤根。缓苗后每隔 30 天左右,每 667 米² 施稀薄腐熟农家肥液 1 000 千克,有条件的追沼液肥效果更好。8 月上旬至 9 月下旬,喷 2~3 次 0.3%~0.5%磷酸二氢钾溶液,促进根系发育,增加根蘗。9 月初将遮阳网撤掉,以利光合作用,增加根蘗。进入 10 月份停止追肥并减少喷水,11 月初浇 1 次透水,11 月上旬地上部分自然枯萎。

(3)扣棚膜、升温及管理 大叶芹地上部分枯萎后,芽处于深休眠的状态,这种生理性休眠需要一定时期的低温才能解除,因此要适时扣棚膜,适时升温。如果升温过早,生理休眠难以解除,升温后不发芽或发芽缓慢且不整齐;升温过晚,上市时间延迟,无法

三、大叶芹

保证春节前上市。11月下旬,将大叶芹地上部的枯叶清理干净,集中烧毁,然后扣棚膜,并覆盖草苫,将草苫卷至棚底脚放风口上缘处不动,至升温前始终打开放风口,这样有利于低温解除大叶芹的休眠。12月上旬开始卷草苫升温,白天温度控制在25℃左右,夜间温度最好控制在12℃以上,升温初期喷1次透水,以后保持土壤湿润。为了保持空间湿度,提高鲜菜的品质,尽量减少放风,可利用卷放草苫来调节温室内温度、湿度和光照,并在棚室内挂遮阳网(遮光度50%)遮阳,以保证鲜菜的脆嫩。升温后大叶芹芽便开始萌动,10天左右新叶展开,以后便开始抽茎生长。12月末株高可达15厘米左右,进入1月份气温偏低,要特别注意夜间保温,白天气温不高于30℃,多蓄热,夜间温度尽可能控制在10℃以上,最好不要低于5℃。期间偶遇恶劣天气,即使夜间温度低至-7℃~-10℃,也不会被冻死,不必加温。

(4)采收 2月上旬鲜菜长至30厘米左右时,用刀在距植株基部2~3厘米处平割,注意不要拔苗采收,也不宜留茬过高。采收的鲜菜按每500克扎1捆,上市销售。

(5)采后管理 收割后5~10天,新叶便可长出,以后仍按定植后的管理方法正常管理。4月下旬至5月初气温开始升高,要及时撤去草苫和棚膜,保存好以备冬季继续使用。由于大叶芹对光照要求不高,所以用聚乙烯长寿膜即可,并可以连续使用3年以上。草苫可使用2年。揭膜后仍按定植后的方法进行管理,7~8月份开始开花结实,9月份果实陆续成熟,当绝大多数果实坚硬时,及时采收,以防脱落。采下的种子按前述方法及时处理,以备销售或用于扩大生产。9月初撤掉遮阳网,11月下旬扣棚膜、盖草苫进行下一年的反季节生产。

日光温室反季节大叶芹栽培升温时间也可推迟到元旦,采用与反季节葡萄立体间作栽培,葡萄叶片为大叶芹遮光,这样既可生产大叶芹,又收获了葡萄。小面积试验表明,利用日光温室内67

米²栽培葡萄25株左右(栽培在距前底脚0.5米处),采用棚架式
单干树形,每株葡萄自棚架基部拉一根铁丝引蔓,另一端固定于屋
脊铁架上拉直,其下方栽培大叶芹,大叶芹可在3月初上市,葡萄
在6月末上市,每67米²可收入4 000元。如果折合一个667米²
面积的日光温室,则年产值可达4万元。另外,辽南地区日光温室
反季节大叶芹栽培可在春节前上市,辽北地区需在温室内加温才
能保证春节前上市。

3. 塑料大棚反季节生产技术

(1)整地做畦 搭建宽10米、长70米南北延长的塑料大棚骨
架,深翻土地25厘米左右,每667米²施入腐熟优质农家肥3 000
千克左右,沿南北方向做6条长畦,畦宽1.3米、高15~20厘米、
长10~15米,畦间距30厘米。大棚内沿南北方向架设2条微喷
供水管带,距地面高度为40厘米。

(2)定植与田间管理 6月上中旬,当幼苗高6~8厘米时定
植,定植方法同日光温室栽培。定植后喷透水,在棚架上覆盖遮阳
网(遮光度50%)遮阳,以后注意浇水、除草。追肥方法同日光温
室栽培。9月初撤掉遮阳网,11月初浇1次透水,以利越冬。大叶
芹为多年生宿根植物,-35℃可安全越冬。生长期耐寒性较强,幼
苗能耐-4℃~-5℃的低温,成株可耐-7℃~-10℃的低温,可
在翌年春季2月上旬将地上部枯死茎叶清理干净后,用聚乙烯长
寿膜扣膜(辽宁地区)。扣棚后,当地温升至7℃,气温3℃~6℃,
大叶芹开始萌芽抽茎缓慢生长;当地温升至12℃,气温10℃以上
时生长迅速。当中午棚内气温达到30℃时要及时放风降温,温度
降至25℃以下时将放风口关闭,以利保持棚内温度和湿度。3月
中下旬鲜菜长至30厘米左右时可采收上市。为了提高鲜菜的品
质,可在大棚内挂遮阳网(遮光度50%)遮阳,以达到软化栽培的
目的。为了调节上市时间,也可在3月初扣膜(辽南地区),4月上
中旬上市。采后管理与日光温室栽培采后管理基本相同,采收后

便可揭去棚膜,揭下的棚膜于翌年 2 月上旬继续使用。

4. 塑料中拱棚反季节生产技术 利用塑料中拱棚栽培大叶芹可比露地栽培提早 30 天上市。整地做畦、定植与定植后管理技术与塑料大棚栽培基本相同。所不同的是,中间只架设 1 条微喷供水管带。每个拱棚宽 4~5 米,每拱扣入 3 行畦。定植后浇透水,拱架上覆盖宽 6 米的遮阳网(遮光度 50%)遮阳,视天气情况浇水,经常保持畦面湿润。追肥方法同塑料大棚栽培。9 月初撤掉遮阳网,11 月初浇 1 次越冬透水。翌年 3 月上旬清理枯死茎叶,浇透水后扣塑料膜升温,每隔 7 天左右喷 1 次透水。如果遇中午拱棚内气温高达 30℃时,要将拱棚两端打开放风降温。当温度降到 25℃以下时再将两端塑封盖好,以保持拱棚内的温度和湿度。4 月上旬采收上市后,揭去塑料膜,保存好备翌年春季继续使用。揭膜后盖上遮阳网(遮光度 50%)遮阳,以后管理方法与塑料大棚相同。翌年 3 月上旬再扣塑料膜进行下一轮生产。

(4)塑料小拱棚反季节生产技术 采用塑料小拱棚反季节栽培大叶芹,整地做畦、定植与定植后管理技术与塑料大棚栽培基本相同。所不同的是,不用架设微喷供水管带。定植后浇透水并将小拱架搭设好,每个小拱架上覆盖宽 1.5 米的遮阳网(遮光度 50%)遮阳,视天气情况浇水,经常保持畦面湿润,追肥浇水等管理方法同塑料中拱棚栽培。

大叶芹反季节栽培,均需要露地育苗,然后移栽定植,比直播栽培提早进入高产期。大叶芹为多年生植物,一次性定植后可维持 10 年(例如,在辽宁丹东宽甸地区 2002 年推广试种的大叶芹到 2012 年仍在使用)。大叶芹在栽培期间除了叶面追肥磷酸二氢钾液肥外,基本不使用化肥,保持了大叶芹的天然品质。

（四）采收与加工

1. 采收 林下、荒坡地栽培于 4 月末，日光温室反季节栽培于 2 月上旬，当苗高 30 厘米左右时便可采收，采收方法：用镰刀在距植株基部 2～3 厘米处平割，注意不要拔苗采收，也不宜留茬过高。采收的鲜菜按每 500 克扎 1 捆，上市销售。收割后 5～10 天，新叶又可长出，以后按定植后的管理方法正常管理。保护地栽培采收方法同林下栽培。

2. 加工 主要是腌咸菜，方法如下。

（1）选料 选择长 15 厘米幼苗，把绿茎和紫茎分开存放，摘净叶片，捆成 6 厘米粗小把。

（2）干盐浸渍 盐、菜比例为 35：100，先在缸底铺 2 厘米厚的盐，然后放一层菜加一层盐，放盐量要逐层加厚，直到满缸为止，上层再铺 2 厘米厚的盐，把菜盖严实。再以稍小于缸口的无味木盖盖上，压上镇石，镇石不小于菜重的 30%～35%。当镇石不再下沉时，取出菜，弃去刹出的盐卤水。

（3）二次盐渍 菜与盐水比例为 100：15。盐水配比：每 100 升水加 37 千克食盐，使盐水浓度达到 22 波美度以上。腌制时按 100 千克第一次盐渍菜加 30 千克食盐比例，把第一次盐渍菜依次倒入底下，一层菜一层盐，盐逐步加厚。上层再铺 2 厘米厚的盐，随后用饱和盐水灌满缸，盖上木盖，压以镇石，10～15 天可腌好。第二次腌渍盐水可作包装灌桶用。

（五）病虫害防治

大叶芹病虫害防治，采取以农业防治、生物防治和高效安全特异性农药为主的综合防治措施。例如，采用遮阳网或防虫网封闭

三、大叶芹

覆盖以隔离虫源,或利用黄板诱杀害虫。

1. 病害 大叶芹常见病害为斑枯病,多发生于6～7月份,主要危害叶片,叶柄和茎也可发病。叶片受害,初期叶片上出现淡褐色油渍状斑点,逐渐扩大成边缘明显的黄褐色圆形斑,中心部分呈黄白色至灰白色,边缘处聚生很多黑色小点,病斑外围常有一圈黄色晕圈,严重时叶片变褐枯死。叶柄和茎上发病时,病斑呈长圆形油渍状,暗褐色,稍凹陷,中央密生黑色小点。

防治方法:一是农业防治。选择土质疏松、排水良好的地块作为种植田。加强田间管理,及时清除病叶、老叶。晚秋深翻土地,同时施入足量的腐熟农家肥以改良土壤。出苗后及时间苗,保证幼苗的间距,防止过密。经常观察幼苗长势,如发现叶片发黄,枯萎的植株应及时拔除,并检查根部是否发生病变,以做到及早防治。二是药剂防治。发病前可喷施70%代森锰锌可湿性粉剂500～800倍液,7～10天1次,整个生长季喷3～5次。发病初期可用75%百菌清可湿性粉剂或50%多菌灵可湿性粉剂800倍液喷施。

2. 虫害 大叶芹常见的虫害有蚜虫、韭蛆、斑潜蝇、茶黄螨、红蜘蛛、白粉虱等。

(1)蚜虫 用50%抗蚜威可湿性粉剂2 000～3 000倍液,或25%氰戊·辛硫磷乳油1 000倍液喷施。

(2)韭蛆 可用75%辛硫磷乳油500倍液,或48%毒死蜱乳油1 500倍液灌根。

(3)斑潜蝇 可用75%灭蝇胺可湿性粉剂6 000倍液喷施。

(4)茶黄螨、红蜘蛛 可用73%炔螨特乳油2 000倍液,或5%噻螨酮乳油2 000倍液喷施。

(5)白粉虱 可用10%噻嗪酮乳油1 000倍液,或25%灭螨猛乳油1 000倍液喷施。

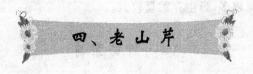

四、老山芹

（一）概　述

老山芹（*Heracleum barbatum* Ledeb.）俗名大叶芹、老桑芹、黑瞎芹、野蜀葵等，为伞形科白芷属多年生草本植物。

1. 形态特征　老山芹为多年生草本植物。根肉质，较脆。直根系，主根明显粗大，基部直径 3～6 厘米，长度 12～20 厘米。入土较深。分枝少，多集中根茎顶端。色泽为白色或乳白色。根上生有须根，数目不多。茎直立，单一，高 60～120 厘米。茎上有沟棱，有毛，带紫红色。顶端有较少分枝。茎中空。通常 3～5 片小叶，小叶片卵状长圆形，再羽裂或深缺刻状分裂成长圆形小裂片，小裂片渐尖，边缘有锯齿，表面疏生微毛，背面密生短茸毛。叶柄较长，8～15 厘米。复伞房花序，花小，白色，果实为双悬果。双悬果扁卵形。花期 7～8 月份，果熟期 8～9 月份。

2. 生态习性及分布　老山芹野生状态生于山坡林下、天然林中、林缘、河边湿地以及草甸等处。喜温和、冷凉、潮湿的环境条件，喜含腐殖质多的壤土与沙壤土。老山芹具有较强的耐寒能力，在 −4℃ 数小时不受冻害。成株的地下根茎可耐 −40℃ 而不会冻死，生长最适温度 18℃～25℃。老山芹耐阴，日照时间 3～4 小时为宜。

老山芹主要分布于东北地区、西南地区、华北地区及华中地区。辽宁省的本溪、丹东、抚顺、铁岭地区，吉林的通化、集安、柳

四、老山芹

河、延吉、临江等地区以及黑龙江省的宁安、五常、尚志、牡丹江等地区的资源较多,野生存贮量较大。

(二)种苗繁育

1. 种子采集与处理 9月上中旬,老山芹种子成熟时及时采收,以免被风吹落浪费种源。成熟种子的果皮深黄色或棕褐色,未成熟的果实浅绿色至浅黄色,最好是分批次采收。采下的种子放冷凉、通风处摊开2～5厘米厚阴干,去除杂质,放入布袋中贮藏于通风冷凉处备用。如果种子不充分干燥,则会发霉,使种胚坏死,不能萌芽。

老山芹种子具有深休眠的特性,播种前要进行低温层积处理方可出苗。具体做法:11月初将老山芹种子浸泡24小时,然后捞出种子,用50毫克/升赤霉素处理5～6小时,沥干水分,与种子体积3倍的细河沙混拌均匀,用赤霉素水调湿,种沙相对湿度60%左右。在室外选平坦处将种沙放入深40厘米左右的坑中,上与地平面齐平,地平面以上先盖5厘米左右厚的细河沙(相对湿度在60%左右),再盖10厘米厚的土,做成龟背形。翌年3月下旬临播种前,将种沙取出堆放在室内(15℃～20℃)催芽,待50%种子露白时便可播种。

2. 播种 春季露地育苗应在地温稳定在5℃以上时播种,辽南地区在3月末至4月上旬播种,播种前深翻土地,每667米^{2}施入腐熟农家肥3 000千克,做成长5～10米、宽1.0～1.2米、高20厘米左右的畦床,畦间距30～40厘米。播种可条播,也可撒播。

条播时畦床开深2～3厘米、宽5厘米、行距15～20厘米的浅沟,沟内浇透水,待水渗下后将种沙撒入沟内,以每厘米长度隐约可见2～3粒种子为度,覆0.2厘米左右厚的细土,覆盖地膜保温保湿。条播的优点是幼苗期间的通风透光性好,幼苗长势较好,田间除草、松土方便。条播的用种量以干种子计算,每 667 米² 用种量 7.5 千克左右。

撒播时将畦面耙平后浇足底水,将定量的种沙按畦分成等份后均匀撒播,以每平方厘米可见到 2～3 粒种子为宜,覆盖 0.2 厘米左右厚的细土。播后覆盖地膜保温、保湿。每 667 米² 用种量 10 千克左右。撒播的优点是苗床间幼苗株数较多,密度大,产苗数量多。不足之处是通风透光性差,田间除草、松土等操作不方便。

3. 苗期管理 播种后 7～10 天出齐苗,选择阴天或晴天傍晚撒掉地膜。苗期保持床面无杂草。根据天气情况和土壤墒情进行浇水,保持床土始终处于见干见湿、疏松状态。浇水的时间宜在清晨或傍晚进行。中午光照强、温度高时不宜浇水,以免由于温差过大而诱发病害的发生。

老山芹喜肥耐肥。在施足基肥后的幼苗期间也应施肥 2 次。第一次施肥的时间是当幼苗 2～3 厘米高时进行,第二次施肥是当幼苗长到 8～10 厘米时进行,每次用浓度较小的人畜粪水浇于床面上,施肥要结合浇水进行。当幼苗高 3～4 厘米时开始间苗,间苗分 2 次进行,第一次间苗时将病苗和弱苗间掉,保持株距在 3～4 厘米,第二次定苗保持株距在 8～10 厘米,每次间苗后都要浇水。结合间苗及时除草。

(三)栽培技术

1. 林下、荒坡地栽培技术

(1)场地选择 利用阔叶林下、林中,混交林的林缘,灌木丛的空地,郁闭度在 0.6 左右,土壤潮湿,空气湿度大的地方栽培老山芹。

(2)清林整地 栽植前清除场地中的杂草、灌木丛、杂树、石块等杂物,可适当保留一些幼小的乔木,其间隔距离在 2 米左右,可以起到遮光的作用。另外,多个树种混生有利于减少病虫害的发生。

(3)整地定植　最好在定植前一年秋季至上冻前进行整地,刨地深度 20～30 厘米为宜,以冻死地下害虫、越冬虫卵、病原微生物等。结合整地对较为贫瘠的地块,每平方米施 250 克三元复合肥作基肥,有条件的地方每 667 米^2 施腐熟农家肥 2 000～3 000 千克。

春季定植前精细整地,做成宽 1 米左右、高 10～20 厘米的畦床,长度依实际情况而定,床面要平整并浇足底水。6 月上旬或中旬移栽幼苗定植,每穴栽植 1 株,株行距为 20 厘米×20 厘米。

(4)栽培管理　移栽后要及时浇定植水,保证移栽苗成活。缓苗后待土壤见干时及时松土,为避免伤根松土深度以 2～3 厘米为宜。以后遇天气干旱时,视情况浇水。在无基肥情况下,缓苗后半个月左右,可结合浇水追施氮肥 1 次,促进幼苗生长。及时清除杂草,发现土壤板结时须进行松土。如有缺苗,应随时补齐。适时修整树冠,保持一定的光照。

2. 日光温室反季节栽培技术

(1)整地做畦　10 月下旬,在日光温室内深翻土地 20～30 厘米,每 667 米^2 施入腐熟优质农家肥 3 000 千克左右,8 米跨度的日光温室沿东西方向做 4 条长低畦,畦宽 1.5 米,深 15 厘米左右,长 10～15 米,畦间距 30～40 厘米。温室内沿东西方向架设 2 条微喷供水管带,距地面高度 60 厘米。

(2)定　植

①根茎的采收和保管　温室内栽培老山芹多采用根茎栽植。利用根茎栽植产量高,见效快,技术简单,便于操作。根茎的采收一般在 11 月初进行(辽南地区),采挖根茎注意尽量不要伤根,根茎按大小进行分级,把长度相当的根系分为一类,每 10 个扎成 1

小捆,埋入河沙中,河沙相对湿度为 60% 左右。也可将根茎存放在潮湿、蔽光处,上盖草苫等,并洒上一定量的水,以保持根茎处于湿润状态,不得风干。

②栽植　栽植时,从畦床一端将根茎摆入畦中,株距 3～4 厘米,行距 6～8 厘米。为了提高单位面积的产量,应尽量缩小株行距,加大摆放密度。平均每平方米摆放根茎 350 株左右。摆满一畦后,随即盖土、浇水。

③管理　白天温度控制在 25℃ 左右,夜间温度最好控制在 12℃ 以上,升温初期喷 1 次透水,以后保持土壤湿润。为了保持空间湿度,提高鲜菜的品质,尽量减少放风,可利用卷放草苫来调节温室内温度和光照,并在棚室内挂遮阳网(遮光度 50%)遮阳,以保证鲜菜的脆嫩。升温后老山芹芽便开始萌动,10 天左右新叶展开,以后便开始迅速生长。12 月末叶长可达 15 厘米左右,进入 1 月份气温偏低,要特别注意夜间保温,白天气温不高于 30℃,多蓄热,夜间温度尽可能控制在 10℃ 以上,最好不要低于 5℃。

3. 塑料大棚反季节栽培技术

(1)整地做畦　搭建宽 10 米、长 70 米南北延长的塑料大棚骨架,深翻土地 25 厘米左右,每 667 $米^2$ 施入腐熟优质农家肥 3 000 千克左右,沿南北方向做 6 条长畦,畦宽 1.3 米、深 15 厘米、长 10～15 米,畦间距 30 厘米。大棚内沿南北方向架设 2 条微喷供水管带,距地面高度为 60 厘米。

(2)定植与田间管理　塑料大棚栽培多在 10 月中下旬进行。这时的自然温度条件较好,生产的成本费用较低。在元旦之前便可采收上市。也可在早春的 2 月份栽植。采收一般在 4 月中下旬。这一时期,由于气温的不断回升,温度条件也越来越好。

在晚秋时节栽培,采收根茎后,应立即栽植,防止风干失水。如果在早春栽植,应将采收后的根茎放入地窖中,用湿沙埋好,保持 0℃～5℃ 的低温条件。在存放时,应一层根茎、一层河沙,并要经常翻动，发现病变腐烂的根茎，马上清除。

栽植、管理及采收方法与温室栽培基本相同。

4. 塑料中拱棚反季节栽培技术 塑料中棚采用 4.5 米宽拱棚，上市时间比塑料大棚栽培晚 5～10 天。具体做法：3 月初，将露地栽培的老山芹地上部分的枯死茎叶清理干净，集中烧毁。在畦上搭建中拱棚，每个拱棚扣入 3 行长畦。畦中央架 1 条微喷供水管带，距地面高度 50 厘米。喷 1 次透水后扣膜升温，当棚内气温达到 30℃时，将棚两端塑料揭开放风，当棚内气温低于 25℃时再封盖两端塑料保温。每 7～10 天喷 1 次水。30 天后老山芹长至 30 厘米左右时进行收割，采收方法同塑料大棚。采收结束后揭去塑料棚膜，翌年 3 月初再扣膜升温进行下一轮生产。

5. 塑料小拱棚反季节栽培技术 小拱棚栽培是在早春进行，产品在野生老山芹上市之前采收结束。设施投入资金少，成本低，生产周期只有 30 天，是一项值得推广的栽培手段。其具体操作方法：在老山芹露地定植后的翌年 3 月上旬清理枯死茎叶，浇透水后，直接在畦床上扣塑料膜升温，每隔 10 天左右，掀开拱棚一侧浇 1 次透水，浇完水后马上将塑料盖好，以利保温、保湿。如果遇中午小拱棚内气温高达 30℃时，要将拱棚两端打开放风降温。当温度降到 25℃以下时再将两端塑料封盖好，以保持拱棚内的温度和湿度。4 月中旬采收上市后，揭去塑料膜，保存好备翌年春季继续使用。揭膜后盖上遮阳网（遮光度 50%）遮阳，以后管理方法与塑料大棚相同。翌年 3 月上旬再扣塑料膜进行下一轮生产。

（四）采收与加工

1. 采收 老山芹定植后 30～40 天，幼茎叶长到 20～30 厘米高时便可采收。采收的标准是以幼茎叶不老化为原则。采收时，用剪刀将幼苗的茎叶沿地表上端剪下，捆成小捆，上市出售。采收

也应分期分批进行,采大留小,多茬采收。每 667 米² 可产嫩茎叶
1 000 千克以上。

2. 加工 主要是腌咸菜,方法如下。

(1)选料 选择长 25 厘米嫩叶(叶柄不去叶片),把绿茎和紫
茎分开存放,捆成 6 厘米粗小把,切去老的纤维化较重的部位。

(2)干盐浸渍 同大叶芹干盐浸渍。

(3)二次盐渍 同大叶芹二次盐渍。

(五)病虫害防治

1. 病害 老山芹常见病害有斑枯病、锈病、白粉病,其防治方
法如下。

(1)斑枯病 用 50% 福美双可湿性粉剂 500 倍液浸种 24 小
时,用清水洗净后,晾干播种。加强田间管理,施足有机肥。小水
勤浇,雨后及时排水。降低田间湿度。清除田间的病残体。药剂
防治发病初期每 667 米² 用 45% 百菌清烟剂 200~250 克。

(2)锈病、白粉病 加强田间管理,合理密植,开沟排水,降低
田间湿度。基肥多施磷、钾肥,以提高植株的抗性。清除田间病残
体。药剂防治在发病初期用 15% 三唑酮可湿性粉剂 1 500 倍液,
每隔 7~10 天喷施 1 次,可视病情连续喷施 2~3 次。

2. 虫害 虫害主要是蚜虫,蚜虫发病初期喷施 10% 吡虫啉可
湿性粉剂 2 500 倍液,每隔 7~10 天喷施 1 次,可视情况连续喷施
2~3 次。

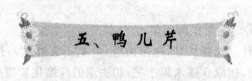

五、鸭儿芹

（一）概　述

鸭儿芹(*Cryptotaenia japonica* Hassk.)又名三叶芹,俗名山野芹菜、日本大叶芹、绿杆大叶芹、鸭脚板等,为伞形科鸭儿芹属多年生草本植物。东北野生鸭儿芹营养丰富且口味鲜美,具有芫荽和芹菜的香气,在日本关东地区作为栽培品种,是日本料理的常用菜。

1. 形态特征　鸭儿芹为多年生草本植物,有香气,株高 30～90 厘米,全株无毛。茎叉状分枝。基生叶及茎生叶三出,三角形,宽 2～10 厘米,中间小叶菱状倒卵形,侧生小叶斜卵形,边缘均有不规则的锐尖重锯齿,有时 2～3 浅裂;叶柄长,基部呈鞘状抱茎;茎上部叶无柄,小叶披针形。7～8 月份抽生 50～60 厘米长的花梗,伞形花序圆锥状,小伞梗少数,不等长,花白色,花瓣披针形。果实为狭长的长椭圆形,双悬果,9～10 月份陆续成熟,由绿色变成黄褐色。

2. 生态习性与分布　生于浅山丘陵的山沟或林下阴湿处。喜冷凉潮湿的半阴地生长,高温干燥的环境下生长不良,易老化。种子为喜光性发芽类型,发芽适温 20℃左右,植株生长最适温度 15℃～22℃,耐寒力强,喜在中性、保水力强、有机质丰富的土壤中生长。主要分布于中国、日本、朝鲜和北美洲东部,在我国广布于华北、华东、中南至西南,辽宁南部、河北东北部也有分布。

(二)种苗繁育

1. 采种 鸭儿芹的果实为双悬果,9～10月份由绿色变成黄褐色,陆续成熟。种子黄褐色,长纺锤形,有纵沟,千粒质量2.25～2.50克。采收后的种子,提纯后于冷凉通风、干燥处可贮藏2～3年。其种子几乎无休眠期,采后即可播种。

2. 播种育苗 鸭儿芹喜肥沃、疏松、pH值5～7的壤土或沙壤土。播种前先深翻土地30厘米左右,每667米^{2}施入腐熟优质农家肥3 000千克左右,整地耙平后做成宽1.2米、深15厘米左右、长10～20米的低畦,畦埂宽30厘米。

春露地栽培应在10厘米地温稳定在5℃以上时播种,辽宁南部地区3月下旬至4月上旬播种,播后需覆盖黑色地膜保温、保湿。畦面耙平后浇足底水,每平方米用种量10克,将种子与细沙或细土混拌均匀后撒播,播后覆0.3～0.5厘米厚的细土。

3. 苗期管理 播种后10天左右出苗,露地播种的应选择阴天或晴天傍晚撒掉地膜,以后根据天气情况适当浇水。日光温室播种的需控制好室内温度,白天保持20℃～25℃,夜间不低于5℃。子叶出土至第一片真叶展开需15天左右,此时按2厘米株距间苗,间苗后浇水,以后适当控水炼苗。从第一片真叶展开至第三片真叶展开需30～35天,此时苗高8～10厘米,可进行定植。

(三)栽培技术

1. 林下、荒坡地栽培技术

(1)场地选择 利用阔叶林下、林中,混交林的林源,灌木丛的空地,郁闭度在0.5左右,选择土壤潮湿、空气湿度大、腐殖质含量高、土质疏松、pH值5～7的壤土或沙壤土的地段栽培鸭儿芹。

五、鸭儿芹

(2)清林整地　栽植前清除场地中的杂草、灌木丛、杂树、石块等杂物,可适当保留一些幼小的乔木,其间隔距离在 2 米左右,可以起到遮光的作用。另外,多树种混生有利于减少病虫害的发生。

(3)整地定植　最好在定植前一年秋季至上冻前进行整地,刨地深度 20~30 厘米为宜,以冻死地下害虫、越冬虫卵、病原微生物等。结合整地对较为贫瘠的地块每 667 米² 施腐熟农家肥 1 500~3 000 千克。

整地耙平后做成宽 1.2 米、深 15 厘米、长 10~20 米的低畦,畦埂宽 30 厘米左右,长度依实际情况而定,床面要平整并浇足底水。可在 6 月上中旬移栽幼苗定植,每穴栽植 3 株幼苗,株行距为 10 厘米×10 厘米。

(4)栽培管理　移栽后要及时浇定植水,保证移栽苗成活。缓苗后待土壤见干后进行松土,以后遇天气干旱时,视情况浇水,保持田间土壤湿润。在无基肥情况下,缓苗后半个月左右,可结合浇水追施腐熟农家肥 1 次,促进幼苗生长。及时清除杂草,发现土壤板结时须进行松土。如有缺苗,应随时补齐。适时修整树冠,在保证正常遮阴的情况下,提供相应的光照。

2. 日光温室反季节栽培技术

(1)整地做畦　深翻土地 30 厘米左右,每 667 米² 施入腐熟优质农家肥 3 000 千克,沿东西方向做 4 条长畦,畦宽 1.5 米,畦埂宽 30~40 厘米。温室内沿东西方向架设 2 条微喷供水管带,距地面高度为 35~40 厘米。

(2)定植方法　将畦面耙平,按行距 10 厘米,穴距 10 厘米,每穴 3 株进行定植。定植后浇 1 遍透水。

(3)温度管理　定植后适当提高室温,白天 25℃~28℃,夜间 20℃左右,2 天后缓苗。缓苗后降低室温,昼温控制在 20℃~25℃,夜温控制在 10℃左右。

(4)水肥管理　鸭儿芹喜湿润环境,缓苗后每 5 天左右喷 1 次透水,每 15 天每 667 米² 施稀薄农家有机液肥 1 000 千克,有条件的追施沼液肥效果更好。

(5)光照管理　为了提高野生鸭儿芹的品质,应适当控制光照,以达到软化栽培的目的。冬春季(10 月份至翌年 5 月份)采用室内挂遮阳网(遮光度 50%~60%)遮阳,夏秋季(6~9 月份)采用利索(北京瑞雪环球科技有限公司生产的温室大棚遮阳降温涂料)喷涂遮阳降温。每茬收割后,间隔 15 天每平方米撒施有机肥 1~2 千克。

3. 塑料大棚反季节栽培技术

(1)整地做畦　东北野生鸭儿芹塑料大棚栽培采用露地育苗移栽方式。搭建宽 10 米、长 70 米南北延长的塑料大棚。深翻土地 30 厘米左右,每 667 米² 施入腐熟优质农家肥 3 000 千克,沿南北方向做 6 条长畦,畦宽 1.3 米,畦埂宽 30 厘米。大棚内沿南北方向架设 2 条微喷供水管带,距地面高度为 35~40 厘米。

(2)定植与管理　6 月份当幼苗高 8 厘米左右时定植,定植方法同日光温室栽培。定植后喷水,在棚架上挂遮阳网(遮光度 50%~60%)遮阳,注意除草。追肥方法同日光温室栽培。8 月初采收第一茬,9 月中旬采收第二茬,10 月下旬至 11 月上旬采收第三茬。野生鸭儿芹为多年生宿根植物,在辽南以南地区露地可安全越冬。翌年 2 月底至 3 月初扣膜(辽南地区),春夏秋季生产从第二年开始,每年可连续采收 5~6 茬,每 667 米² 年产量高达 5 000~6 000 千克。棚膜冬季可不揭去,待翌年春季修整后继续使用,采用聚乙烯长寿膜可连续使用 3 年。夏季气温较高,需要进行遮光处理。针对辽宁省塑料大棚多为支柱大棚,不利于挂遮阳网的问题,采用利索喷涂遮阳降温技术,可成功地进行春夏秋季生产,效果很好。

（四）采收与加工

1. 采收　野生鸭儿芹定植后30天左右、苗高达30厘米左右进行第一次采收,方法是用镰刀在距基部2～3厘米平割,每500克扎1捆上市销售。采收后施1次腐熟农家肥,浇1次透水,以后每30天左右采收1次,辽南地区从春至秋可采收3～4茬。

2. 加工

(1)腌鸭儿芹　工艺流程:进料→去杂→整理→清洗→腌制→倒缸→成品。工艺规范如下。

①原料　选棵大、叶柄粗厚的鸭儿芹嫩茎叶,除去黄叶、烂叶,清洗干净,沥去明水。

②腌制　用为鸭儿芹重25%的食盐把鸭儿芹一层一层地放入缸中,每放一层菜撒一层盐,下层少放些,上层多放些,尤其面上盐比下层多,放完后撒上少许水。

③倒缸　鸭儿芹为叶菜类,较易腐,因此要勤倒缸,每天倒2次,等到盐全部溶化才停止倒缸。

④成品　质脆、嫩鲜、色泽碧绿。

⑤包装　用食品袋称量,真空包装。

(2)酱渍鸭儿芹　如果是即食,可用新鲜的鸭儿芹,直接加优质黄酱或甜面酱腌渍。如果长期保存,宜用盐渍后的材料,经脱盐后酱渍。

①脱盐　取出盐渍后的鸭儿芹,马上放入铝锅或不锈钢锅盛的水中徐徐加热,加热到70℃～80℃,维持30～40分钟起锅,沥去水,然后分3次把酱渍入。

②第一次渍入　每千克脱水、盐的鸭儿芹加酱800～1 000克、糖70克、调料25克。方法是在容器底部先铺一层酱,其上一层菜,上面再铺一层酱、一层菜。如此反复渍入,最上边弄平后,盖

上塑料薄膜、盖子及重石腌渍,5～7天。

　　③第二次渍入　第一次渍过的鸭儿芹1千克、酱1千克、糖70克、醋30毫升、烧酒100毫升、调料30克。方法与时间同上。

　　④第三次渍入　第二次渍过的鸭儿芹1千克、酱1千克、糖70克、醋30毫升、烧酒100毫升、调料30克。方法与时间同第一次。

　　(3)料酒渍鸭儿芹

　　①原料　盐渍鸭儿芹1千克、酱油150毫升、料酒300毫升、糖50克、调料35克、醋30毫升。

　　②制法　将配料混合加热溶解,冷却后将菜渍入。如喜欢清淡的风味,可加水15％左右,2～4天即成。

（五）病虫害防治

　　野生鸭儿芹栽培期间极少发生病害。夏季生产有时会发生斑枯病,主要虫害为蚜虫。斑枯病防治,可用65％代森锰锌可湿性粉剂600～800倍液叶面喷雾;蚜虫防治,可用20％灭蚜松可湿性粉剂2 000倍液叶面喷雾。

六、东北羊角芹

（一）概　述

东北羊角芹（*Aegopodium alpeatre* ledeb.）又名羊角芹、小叶芹，为伞形科羊角芹属多年生草本植物。东北羊角芹味道鲜美，药用保健价值高，曾被清政府视为宫廷供品。

1. 形态特征　东北羊角芹属多年生草本植物。茎高 40～60 厘米，直立，中空，外被紫褐色鳞片。茎生叶有长柄，二回或三回三出羽状全裂或二回羽状全裂，终裂片长卵形或椭圆形，长 1～3 厘米，宽 1～1.2 厘米，基部楔形，先端渐尖，边缘有不整齐的深锯齿，茎生叶向上渐小，叶柄鞘状膜质。复伞形花序顶生或腋生，花梗内侧粗糙，萼片不明显，花瓣白色，花期 6～7 月份。双悬果长圆形，果期 7～8 月份。

2. 生态习性与分布　东北羊角芹耐寒性强，适应范围广，−25℃～−30℃可安全越冬；对光照的适应性强，耐弱光；喜土层深厚、腐殖质丰富、含水量高但是不积水的偏酸性土壤。

分布在美洲、蒙古、朝鲜、俄罗斯、日本以及我国的吉林、辽宁、黑龙江、新疆等地，生长于海拔 300～2 400 米的地区，见于杂木林下及山坡草地。

（二）种苗繁育

1. 种子采收与处理　8 月中上旬从生长健壮的羊角芹植株上

剪取刚成熟的还没有充分干燥的果穗,采下种子,去掉杂质放在阴凉处,摊开晾晒,当手握有潮湿感时,按种子与细沙(沙子相对湿度为60%)1:1混拌均匀,置于温度为5℃的窖内或阴凉处存放,经常翻动,3月下旬至4月中旬临播种前,将种子移到20℃~28℃的地方催芽,待70%种子露白便可播种。如果在采种后即8月下旬至9月下旬播种,种子在土壤中完成生理后熟,翌年春天发芽。

2. 播种育苗 选择地势平坦、腐殖质含量高的中壤土或轻壤土作圃地,做长10~20米、宽1.2~1.5米、高20厘米左右的畦床,向床面撒施充分腐熟的厚2厘米左右的牛粪或猪粪,然后翻动床面10厘米,使粪与畦土充分混合,将大土块打碎,畦面搂平。在畦面上开深1厘米、宽3~4厘米的浅沟,行距10厘米左右,向沟内撒播种子,播种量为1克/米²,覆土0.2~0.5厘米厚,稍拍实床面。

3. 苗期管理 播种后向畦面覆盖1厘米厚的松针叶或较细碎的阔叶树叶或粗腐叶土。覆盖后立即向覆盖物喷洒混有少量多菌灵粉剂的药水,其数量以浸润畦面20厘米深的土层为宜,出苗前每隔7~10天向畦面喷水1次,出苗后根据畦面土壤湿度情况及时喷水,防止畦面过干,同时忌畦面积水。

出苗后在畦面上罩遮光度60%~70%的遮阳网,30~40天后撤网。幼苗出土后及时拔除畦面上的杂草。6月份向畦面撒施尿素,每667米²用量为15千克。11月初床面覆盖1~2厘米厚的松针,以防冬春干旱;冬季降水多的地区,地块也可覆盖松针。播种苗在苗圃地生长1~2年即可移植。

(三)栽培技术

1. 林下、荒坡地栽培技术

(1)场地选择 坡向选择应以阴坡为主,也可选择北坡及东、西坡的山脚处,坡度小于20°;在多年生乔、灌木阔叶林及针、阔混交林下,林分郁闭度在0.3~0.4;地表常年较湿润而无积水、腐殖质层的厚度在3厘米以上的林间湿地或溪流附近。沟谷洼地处若植被郁闭度适宜也可以选用。

(2)清林整地 栽植前清除场地中的杂草、灌木丛、杂树、石块等杂物。最好在定植前一年的秋季至上冻前进行整地,刨地深度最好在20~30厘米,以冻死地下害虫、越冬虫卵以及病原微生物等。

(3)整地定植 坡地沿等高线横向修筑宽1.2米、长10~20米、高2~3厘米的低畦,畦面每667米²施腐熟农家肥1 500~3 000千克,翻土深达10厘米,整平畦面。平缓地、山谷地做苗床,苗床宽度为1~1.5米,高度为3~5厘米,同时将排水沟挖好。

土壤解冻后4月上中旬或土壤结冻前的10月下旬至11月初,进行幼苗移植,一般多以春季移植为主。也可以在4月初,去往年羊角芹分布多的地点,在上年的枯株处用镐头或锹挖取野生苗,切忌手拔,并尽可能多保留根系。根据苗茎粗度分级,将分级后的苗埋于湿沙中待植。

移植时顺畦或横畦按20~25厘米行距,开深度为8~10厘米的沟,然后按8~10厘米株距植苗。定植前剪掉过长根系,定植时苗应栽直扶正,顶芽应与畦面或床面平齐,最后将表土踩实。

(4)定植后管理 定植后,畦或床面覆盖2厘米厚针叶树或阔叶树的落叶并浇透水,出苗后及时清除杂草,灭除食茎、叶害虫。大雨过后或浇水后,应及时中耕,保持根系疏松的土壤环境。大雨过后要及时排水,防止沤根死苗。秋季地上部枯萎时及时将地上部枯枝沿地面割除,并清理干净,及时松土,有条件的地区可增施腐熟农家肥2 000千克,盖1~2厘米厚的细碎落叶。

2. 日光温室反季节栽培技术

(1)整地做畦 4月份或10月上旬进行移植,最好在春季移植,以利于缓苗,深翻土地 20 厘米左右,每 667 米² 施入腐熟优质农家肥 3 000 千克,沿南北方向做宽 1.5 米、高 6～8 厘米、畦埂宽 30～40 厘米的畦床。

(2)定植方法 将畦面耙平,按株行距 10 厘米×10 厘米,每穴 1～2 株进行定植,覆土厚度以顶芽外露为宜。定植后可覆盖草苫或 2～3 厘米细碎落叶,覆盖后浇 1 遍透水。

(3)温度管理 定植后适当提高室温,白天 25℃～28℃,夜间 20℃左右,2 天后缓苗。缓苗后降低室温,昼温控制在 20℃～27℃,夜温控制在 10℃左右。当年 10 月下旬至 11 月上旬,应将温室棉被白天放下,晚上开启,降低温度使其进行休眠,12 月上中旬,进行升温管理。升温时应缓慢升温,避免升温过快影响秧苗生长。一般萌芽前,昼温控制在 15℃左右,夜温不低于 5℃为宜;发芽后昼温可控制在 25℃左右,最高不超过 27℃,夜温不低于 10℃。

(4)水肥管理 升温后立即向畦面喷水,浸湿土层深度达 10 厘米以上,以后根据畦面土壤湿度,每隔 2～3 天喷水 1 次,始终保持畦面湿润,但切忌积水以防烂根、烂芽;也不能过于干旱,以免影响芹苗的萌芽生长。萌芽前棚内空气相对湿度应保持在 85%～90%,萌芽后棚内空气相对湿度控制在 70%左右。元旦前后当苗高 20 厘米左右时便可采收。采收后适当晾晒畦面,并用小锄松动畦面,以改善畦面土壤通透性。5 月初沿植株行间开 5 厘米深沟,向沟内撒施 500 千克/667 米² 腐熟禽畜肥,并盖土封严。

(5)光照管理 为了提高东北羊角芹的品质,要适当控制光照,以达到软化栽培的目的。可在室内挂遮阳网(遮光度 50%～60%)遮阳培养。

3. 塑料大棚反季节栽培技术

(1)整地做畦 清除棚内地表杂物,10 月份或 4 月上旬,做宽 1.2～1.5 米、深 6～8 厘米、长度依实际情况而定的畦。然后向畦表施入细碎枯枝落叶或厩肥,施入量为每 667 米² 2～3 米³,然后进行翻地,其目的是使土壤与厩肥或细碎物充分混合。

(2)定植方法　10 月份至 11 月上旬移栽芹苗,播种苗最好用 3 年生苗,野生芹应选择 2 年生以上苗。栽前剪掉过长的根,根系长度保留在 10 厘米左右,顺畦向按 12～15 厘米距离开深度为 10 厘米的沟,按 10 厘米株距直立摆苗,摆完一畦苗,应及时覆土并压实,覆土厚度以顶芽外露为宜,最好向畦表覆盖 2～3 厘米厚的较细碎的树叶,没有条件的可覆盖废旧的遮阳网,覆盖后向畦表浇足水,水量以润湿土层厚度达 15 厘米左右为宜。

(3)扣膜时间　一般在 2 月下旬至 3 月上旬扣膜,若上年 4 月份栽植的为 2～3 年生苗或 2 年生以上的野生苗,可以在翌年 2 月下旬扣膜;若上年栽植的是 1 年生苗或上年 10 月份栽植的芹苗,则翌年 2 月份不宜扣膜,而应在 3 月上旬扣膜,以利于缓苗,提高移植成活率。

(4)管理方法　扣膜后立即向畦面喷水,浸湿土层深度不小于 10 厘米,以后根据畦面土壤湿度,每隔 2～3 天喷水 1 次,始终保持畦面湿润,但切忌积水以防烂根、烂芽;也不能过于干旱,以免影响芹苗的萌芽生长,萌芽前棚内空气相对湿度应保持在 85%～90%。扣膜后前 5 天,昼温控制在 10℃～15℃,夜温不低于 5℃。10 天后昼温控制在 20℃～27℃,高于 27℃应通风降温,夜温不低于 12℃。晴天中午光照过强时应覆盖遮阳网。扣膜后经 30～40 天的生长,当羊角芹茎叶高达 25 厘米左右时即可采收,采收后管理同温室栽培。

(四)采收与加工

1. 采收　从山上挖取并移植野生羊角芹,因其生长年头长,根系粗壮发达,恢复生长快,翌年春便可采收。播种后移栽的苗,因根量小而少，生长缓慢，移植2～3年后才可采收。当地温稳定在5℃时，羊角芹便可萌发，10天后第一片真叶长出，待第二片真叶长出后，便可采收。采收时距地表2～4厘米处留1～3个节，用利刀割断茎秆，不能紧贴地面削茎，更不能连根将植株拔出，以保证当年的营养生长和下一年的产量。

2. 加工 同大叶芹。

（五）病虫害防治

为防止烂根、烂芽，可每隔5～7天向苗及畦表喷施1次50%多菌灵可湿性粉剂600倍液，但采收前10天禁止喷施各种药物。遇食叶害虫，应及时喷施2.5%溴氰菊酯乳油2 500倍液进行灭杀或人工捕杀。

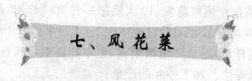

七、风花菜

（一）概　述

风花菜[*Rorippa palustris*（Leyss.）Bess]俗名黄花荠菜、野油菜、水辣辣、山芥菜、天菜子，为十字花科蔊菜属 2 年生或多年生草本植物。

1. 形态特征　2 年生草本植物，无毛。株高 15～50 厘米，茎直立，多分枝，具纵条纹，有时呈紫色。基生叶与茎下部叶具长柄，提琴状羽状深裂，顶端裂片较大，卵形或卵圆形，侧裂片 3～6 对，较小，狭长椭圆形，边缘具不整齐的齿牙状锯齿；茎上部叶向上渐小，羽状深裂或具齿牙，先端渐尖，基部具耳状裂片；抱茎。总状花序顶生，花小；萼片直立，长圆形；花瓣黄色，倒卵形。短角果圆柱状长椭圆形，两端钝圆，稍弯曲；种子 2 列，近卵形，稍扁，淡褐色，上有网纹，千粒重 0.5 克左右，发芽力达 5 年以上。花期为 6～8 月份，果期 7～9 月份。

2. 生态习性与分布　风花菜属耐寒性植物，冷凉和晴朗的气候条件下生长良好，气温 0℃以上开始生长，生长适温为 12℃～20℃，低于 10℃或高于 22℃时生长缓慢且品质差。茎叶可耐－5℃的低温，可以忍受－7.5℃的短期低温，根系可耐－30℃以下低温。在 2℃～5℃低温条件下，10～20 天可以通过春化阶段，在 12 小时的光照条件下，气温 12℃左右仍可抽薹开花。风花菜对土壤要求不严，喜肥沃、疏松的土壤，多生于路旁、沟边、田间及村屯人家附近,我国的东北、华北、西北、西南及河南、湖北、江苏等地均有野生分布。

（二）种苗繁育

1. 种子繁殖

(1)采种 秋季选择角果的荚色发黄且种荚饱满的风花菜,将其短角果剪下,晾干后脱粒,收集种子,去除杂质,于通风干燥处晾干备用,其发芽力达 5 年以上。

(2)种子的处理 当年采收的风花菜种子不易发芽,需进行低温处理。因风花菜的种子细小,其千粒重只有 0.5 克左右,需将种子用纱布包裹后,置于清水中浸泡半天,或与湿细沙混拌均匀后置于 2℃～10℃ 条件下,处理 7～10 天即可播种。若种子采收后不经处理也可直播于近水源、湿润肥沃的地块上或果园中,翌年初夏或多雨天气,种子便陆续萌发生长。

(3)播种育苗 风花菜喜温暖湿润的环境,耐寒性和耐阴性较强,而且在肥沃的土壤中生长得肥大柔嫩,因此宜选择低洼地、水田边地或靠近水源的地块以及有机质丰富的壤土地栽培。播种后 10～14 天便可出苗。

(4)采种株的管理 栽培风花菜需建立留种田,留种田宜选择在较高地势处,以磷、钾肥作基肥;花前适当控水,种荚饱满后也应适当控制水分,将花序顶端未谢的花枝去除,保证种荚成熟期基本一致以方便采收,当有 60% 左右的种荚转黄色时便可全部剪下,晾干脱粒后贮存备用。

2. 分根繁殖 春末至初夏挖取刚发芽的老株分根栽植于临近水源且土壤疏松、有机质含量高的地块,按 10 厘米×15～20 厘米株行距进行定植。定植后应保持土壤湿度。

（三）栽培技术

1. 林下、荒坡地栽培技术

（1）场地选择　风花菜喜温暖湿润的环境,具有一定的耐阴和耐寒性,因此坡向选择应以阴坡为主,在多年生乔灌木林、阔叶林、针阔混交林、溪岸、河滩、沟边、沼泽地及草丛间等土壤肥沃疏松的环境条件下均可栽培。

（2）清林整地　播种前清除场地中的杂草、灌木丛、杂树、石块等杂物。最好在定植前一年的秋季至上冻前进行整地,刨地深度最好在 20~30 厘米,以冻死地下害虫、越冬虫卵以及病原微生物等。

（3）整地播种　坡地沿等高线横向修宽 1 米、高 2~3 厘米、长依实际情况而定的低畦,畦面每 667 米² 施腐熟农家肥 1 500 千克,翻土深度在 10 厘米左右,使肥与土混合均匀,将土块打碎,畦面整平。平缓地、山谷地做苗床宽度可适当增加。将处理过的种子与湿沙混合均匀后撒播于畦中,覆土厚度在 0.5 厘米左右。

（4）播后管理　播种后浇 1 遍透水,上覆细碎的草叶或阔叶树的树叶,覆盖物上再淋一些水,以保持床面湿润,但不宜太多,忌床面积水。播种后 10~15 天便可出苗,出苗后及时清除杂草,30 天后株高 10 厘米左右时便可采收,第一次采收时拔除大苗,保留小苗,苗距为 10 厘米。

2. 日光温室反季节栽培技术

播种前清除温室内杂物,沿南北方向做宽 1~1.5 米、高 6 厘米、畦埂宽 30~40 厘米畦床,每 667 米² 撒施腐熟优质农家肥 1 500 千克于畦面,深翻土地 20 厘米,使肥与土混合均匀,将畦面耙平,将风花菜的种子与其体积 3~5 倍的湿润的细沙混匀后撒播于畦内。播种后始终保持畦面湿润,温度控制在 20℃~25℃,10~15 天便可出苗。出苗后昼温控制在 25℃ 以内,夜温控制在 10℃ 以上,保持畦面湿润,过干或畦面有积水现象均不利于生长,出苗后 30 天便可采收。6 月份以后应将棚膜撤掉并覆盖遮阳网,做遮阴处理。也可在风花菜分布多的地块挖取刚发芽的风花菜的老株分根后按 10 厘米×15～20 厘米的株行距进行定植,定植后的管理方法同苗期管理。利用日光温室栽培,风花菜可实现多次采收周年生产。

3. 塑料大棚反季节栽培技术　塑料大棚主要是进行春提早或秋延后栽培,春季当塑料大棚内 10 厘米地温稳定在 5℃ 以上时便可进行播种育苗。为提高发芽率,播种后可利用黑色塑料薄膜覆盖以提高地温,秋季可在 7 月下旬播种,9 月上旬便可采收,供应市场。

(四)采收与加工

1. 采收　日光温室在播种 40 天后就可陆续采收,采收时应选用锋利斜角刀挑挖,且须坚持细采勤收,尽量采大留小以利增产增收。其花薹可在蕾期采收食用。塑料大棚长到 10～13 片叶,通常在播种后 50 天左右即可分批采收。一次播种可多次采收,延续供应到 3 月上旬。

大田直播的风花菜,播种后 40 天左右,当苗高 10 厘米左右时便可陆续采收,采收时挖出大株保留小株继续生长,同时应注意,要使留下的风花菜分布均匀。多年生的老菜地,新苗长出后可间拔大苗采收。风花菜花薹也可食用,一般于蕾期收割。

2. 加工　制干菜:鲜嫩幼苗去根及其黄叶、干叶和其他杂质,洗净,沸水浸烫 2～3 分钟,捞出沥去水分,晾干或晒干,包装、贮藏、备用。吃时热水浸泡,漂洗,炒食、做汤或做馅。

（五）病虫害防治

风花菜抗病性强，一般很少发病。温室、大棚栽培时因空气湿度大，为防止烂根、烂芽，可每隔 7～10 天向苗及畦表喷施 1 次 50％多菌灵可湿性粉剂 600 倍液，但采收前 10 天禁止喷施各种药物。遇食叶害虫，应及时喷施 2.5％溴氰菊酯乳油 2 500 倍液进行灭杀或人工捕杀。

八、荠　菜

（一）概　述

荠菜[*Capsella bursa-pastoris*(L.)Medic.]又名荠，俗名麦地菜、荠荠菜、护生草、地菜、地地菜、鸡心菜、石翠花等，为十字花科荠属1年生或2年生草本植物。荠菜自古有之，气味香甜可口，距今已有数千年的食用历史。全草入药，营养价值和保健作用高。荠菜在上海人工栽培较早，现已为市场供应的重要蔬菜，北京、南京、武汉、江苏等地的蔬菜基地也有少量引种栽培。

1. 形态特征　荠菜的根系发达，主根入土较深，侧根分布浅而范围较宽。基生叶丛生，塌地，开展度18厘米左右。叶片绿色，叶缘缺刻浅或深，羽状浅裂或全裂。叶片长10厘米、宽2厘米，叶面平滑，叶柄有翼。开花时茎高20～50厘米。花小，白色。短角果，扁平呈倒三角形，含多粒种子。种子千粒重0.09克左右，十分细小。种子干藏、寿命长。

2. 生态习性与分布　荠菜为耐寒蔬菜，喜冷凉气候。种子发芽的最适温度为20℃～25℃，营养生长的最适温度为12℃～20℃，幼苗或萌动的种子，在2℃～5℃条件下经10～20天便可通过春化阶段。荠菜对光照要求不严，但在冷凉短日照条件下，营养生长好。荠菜一般在4月份开花，5月份采收种子。对土壤要求不严格，但以肥沃疏松黏质壤土最好。

荠菜遍布世界温带地区，我国各地均有野生，生长于田野、路

边、沟边等。目前,以长江中下游地区的湖北、安徽、江苏、上海等
地栽培较多。

(二)种苗繁育

1. 种子繁殖

(1)种子的采收　5月上中旬,当荠菜种荚由青转黄时,晴天
的上午,将荠菜的花枝与角果一同采下,放入布袋中,然后将花枝
与角果置于日光下干燥,用木条敲打角果,成熟的角果经敲打后自
然开裂,种子便散落出来,收集种子装入布袋中,于通风干燥处保
存。荠菜种子的成熟期很短,只有7~10天,成熟后角果的外壳自
然开裂,散落到地上,难以收集,因此应及时采收种子,防止种源浪
费。

(2)种子的处理　荠菜种子有休眠期,播前30天将荠菜种子
用35℃~40℃温水浸泡至充分吸水膨胀,与相对湿度为60%~
70%、体积为种子3倍的河沙混匀,置于0℃~7℃条件下贮存。
贮存过程中应经常翻动种沙,使其含水量均匀一致,若发现种沙缺
少应及时补充。播前1周将种沙置于20℃~25℃条件下催芽处
理,几天后种子便发芽,应立刻播种。

(3)播种育苗　选土壤pH值6.0~6.7偏酸性且土壤肥沃、
湿润、疏松、杂草少、排灌方便的地块。清除地表杂物,每667米²
撒施腐熟有机肥3 500~4 000千克,耕翻15厘米深,使土壤与肥
料混匀,做成宽1.2米、高8~15厘米、长度依实际情况而定的畦,
打碎大土块将畦面整平,向床畦浇水,深度达到地表深度10厘米
以下,待播种。

荠菜春秋两季均可栽培,春季多在4月上旬至6月上旬播种,
秋季在7月上旬至8月下旬播种。主要采用撒播和条播2种方法
进行播种。撒播就是将种子或种子与河沙的混合物撒入畦中,其

用种量为 10～12 克/667 米²,撒种后用平底铁锹或木碌子将种子压入土中,然后覆 0.5 厘米厚的细土。条播的方法是横着床畦的走向开宽 5～6 厘米、深 1.5 厘米的播种沟,然后覆 0.5 厘米厚的细土。撒播的用种量为 7～8 克/667 米²。条播与撒播相比,种苗出土后通风透光性好,利于幼苗生长,后期田间除草等操作容易,同时节省种源,不足之处是费时费工。

(3)播后管理 春播荠菜出苗前最好用细眼喷壶 2～3 天喷水 1 次,保持土壤湿润,一般 5～7 天能出齐苗。秋播荠菜每天用喷壶喷水 1 次,以降低地温,一般 3 天能出齐苗。在 2 叶期前,忌大水漫灌;2 叶期前施第一次肥,追施腐熟稀粪用量为 7 500 千克/公顷,或浇 0.1%尿素;在收获前 7～10 天进行第二次追肥,每 667 米² 追施尿素 10 千克,以后每采收 1 次追施 1 次肥,应以氮肥为主。同时注意及时拔除田间杂草。

(4)采种田的管理 栽培荠菜应设立采种田,以保证种源顺畅。荠菜的采种田应逐渐去除杂苗、弱苗,保留壮苗。抽薹前,将早抽薹的小苗、病苗剔出;以株行距 12 厘米×12 厘米定苗,同时控制氮肥,增施磷、钾肥;及时防治蚜虫。当种荚由青转黄达七八成熟时,采收种荚与花枝。

2. 分根繁殖 春末夏初,挖取刚发芽的老株分根栽植于临近水源、土壤疏松且有机质含量高的地块,按 10 厘米×15～20 厘米株行距进行定植。定植后应保持土壤湿润。

（三）栽培技术

1. 林下、荒坡地栽培技术

(1)场地选择 荠菜喜冷凉、湿润的环境条件,具有一定的耐阴和耐寒性,因此选择坡向应以阴坡为主,在多年生乔木林、灌木林、阔叶林、针阔混交林、溪岸、河滩、沟边及草丛间等土壤肥沃疏松的环境条件下,生长良好。

(2)清林整地　播种前清除场地中的杂草、灌木丛、杂树、石块等杂物。最好在定植前一年的秋季至上冻前进行整地,刨地深度最好在15～20厘米,以冻死地下害虫、越冬虫卵以及病原微生物等。

(3)整地播种　坡地沿等高线横向修宽1米、长10～15米,埂宽20厘米的畦,畦面每公顷施腐熟人粪尿或厩肥37.5吨、尿素30千克,撒匀后翻地15厘米,使肥与土混合均匀,将土块打碎,畦面整平。平缓地、山谷地做苗床宽度可适当增加。东北地区春播在4月上旬至6月上旬播种,秋播在7月上旬至8月下旬播种;山东、河南等地春季在2月下旬至4月上旬播种,秋季播种在7月下旬至10月下旬均可进行,选择秋季播种的,在播前1～2天将地浇湿后再整地做畦。然后将荞菜种子与其体积2～3倍的细土或细沙混匀后,撒播或条播于畦内,播种后用平底铁锹拍打或碌子镇压,也可用脚轻轻踩踏1遍。若秋季播种,将处理过的种子与湿沙混合均匀后撒播于畦中,覆土厚度在0.5厘米左右。

(4)播后管理　播种后为防止干旱和高温对种子发芽的不良影响,播后畦面覆盖的草苫或苇草覆盖物上可淋一些水,以保持床面湿润,但不宜太多,忌床面积水,出苗量达1/3时及时揭去覆盖物,清除杂草。当小苗具有2片真叶时,结合间苗进行定植,定植后苗间距为2～3厘米,当真叶数量为12～13片时便可采收。

2. 日光温室反季节栽培技术　日光温室栽培荞菜,可在10月上旬或翌年2月上旬播种,播前清除温室内杂物,沿南北方向做宽1.5米左右的畦,畦沟深10～15厘米,以利排涝防苗渍。每667米^{2}施入腐熟优质农家肥2 500千克、尿素2千克,撒施于畦面,深翻土地15～20厘米,使肥与土混合均匀,将畦面耙平,将荞菜种子与其体积2～3倍的湿润的细沙混匀后撒播于畦内。播种后需用脚轻轻踩踏或用平锹拍打镇压,为保持畦面湿润,可覆盖塑料薄膜或草苫,待大部分荠菜发芽后及时去除覆盖物。种子发芽期温度控制在 20℃～25℃,营养生长期温度控制在 12℃～20℃,幼苗或萌动的种子在 2℃～5℃条件下,经 10～20 天通过春化阶段。播种后每隔 2～3 天畦面喷水 1 次,保持畦面湿润;2 叶期前忌大水漫灌。第一次追肥在 2 叶期前,追施腐熟稀粪 7 500 千克/公顷,或浇 0.1%尿素液;第二次追肥在收获前 7～10 天进行,以后每采收 1 次追施 1 次肥,均以氮肥为主。保护地栽培荠菜时,一般出苗后 40 天左右,小苗可长出 10～16 片叶,此时可结合疏苗陆续采收。荠菜适应性和耐寒性强,也可不作主蔬菜栽培,在棚室底角、东西山墙或温度条件较差的大棚两侧插空栽培。

3. 塑料大棚反季节栽培技术 因荠菜的适应性和耐寒性强,春季在大棚黄瓜、番茄等喜温蔬菜未定植前栽培一茬荠菜,或在秋延后栽培的黄瓜、番茄收获后栽培一茬荠菜。具体栽培管理方法同温室栽培。

(四)采收与加工

1. 采收 播种后,当荠菜的真叶达 12～13 片时,进行第一次采收。采收时一般用 2.5 厘米宽的小斜刀挑采荠菜,采收时应收大留小,收密留稀。春播荠菜一般采收 1～2 次,产量为每公顷 15 吨左右;早秋播种的收获早,采收期长,每公顷产量高达 37.5～45.0 吨。

2. 加 工

(1)制罐头 以洗净的幼嫩鲜品,预煮 2～3 分钟,立即以流动水快速冷却、漂洗,使其凉透、质地脆嫩,按大小分 2 级;以食盐、白糖、味精、水为原料基本配比,调成咸味、甜咸味、酸辣味等不同口味汤汁。根据产品质量标准将分选荠菜分别装罐、加满汤汁,放入排气箱排气,中心温度 70℃以上后立即封罐、杀菌、冷却,贮藏备用。

(2)速冻荠菜　选鲜嫩幼苗洗净,沸水浸烫 1 分钟,迅速放入冷水中,冷却至中心温度 10℃以下,捞出沥水,送入速冻机中,于 -35℃左右速冻,直至菜捆中心温度 -18℃以下为止,然后包装,放入冷藏库中贮藏。

(五)病虫害防治

在温室、大棚或秋季连雨天,荠菜易发生霜霉病、黑斑病和白斑病,导致叶片枯黄、死亡。因此,生长期应控制田间湿度。发病时,霜霉病可用 80%三乙膦酸铝可湿性粉剂 500 倍液,或 75%百菌清可湿性粉剂 800 倍液喷雾防治;白斑病和黑斑病可叶面喷施70%代森锰锌可湿性粉剂 500 倍液,或 50%甲基硫菌灵可湿性粉剂 500 倍液。荠菜的虫害主要是蚜虫,可用 80%敌百虫可溶性粉剂 1 000 倍液喷雾防治或室内张贴黄板诱杀。

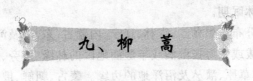

九、柳 蒿

(一) 概 述

柳蒿(*Artemisia selengensis* Turcz. ex Bess)又名蒌蒿,俗名柳蒿(芽)、柳叶蒿、水蒿、藜蒿、水艾、小艾、降压菜等,为菊科蒌蒿属多年生草本植物。柳蒿以食用地上茎叶为主,因含有侧柏莠酮芳香油而具有独特风味,可作蔬菜、中药、配酒原料及香料等,我国在 20 世纪 80 年代以来人工栽培。在北方保护地栽培产量高,生活力强,易管理,且营养丰富,有"山野菜之冠"、"救命菜"、"可食第一香草"之美誉,是深受消费者欢迎的野菜品种。

1. 形态特征 主根明显,侧根稍多;根状茎略粗,直径 0.3～0.4 厘米。茎通常单生,稀少数,高 50～120 厘米,紫褐色,具纵棱,中部以上有向上斜展的分枝,枝长 4～10 厘米;茎、枝被蛛丝状薄毛。叶无柄,不分裂,全缘或边缘具稀疏深或浅锯齿或裂齿,上面暗绿色,初时被灰白色短茸毛,后脱落无毛或近无毛,背面除叶脉外密被灰白色密茸毛。头状花序多数,雌花 10～15 朵,两性花 20～30 朵,瘦果倒卵形或长圆形。花果期 8～10 月份。

2. 生态习性与分布 柳蒿性喜冷凉湿润气候,耐湿、耐肥、耐热、耐瘠,不耐干旱。早春气温回升到 5℃左右,地下茎上的侧芽(潜伏芽)开始萌发,日平均温度 12℃～18℃时生长较快,日平均温度 20℃上时茎秆容易木质化。柳蒿适宜温度范围较广,喜阳光充足的生长环境,只是在强光下嫩茎易老化。对土壤要求不严,但以肥沃、疏松、排水良好的壤土为宜。只要温度适宜,可周年生长,无明显的休眠期。

柳蒿分布于黑龙江、吉林、辽宁、内蒙古(东部)及河北地区,多生于低海拔或中海拔湿润或半湿润地区的林缘、路旁、河边、草地、草甸、森林草原、灌丛及沼泽地的边缘。蒙古、朝鲜、俄罗斯西伯利亚及远东地区也有分布。

(二)种苗繁育

1. 种子繁殖

(1)种子的采集　9~10月份柳蒿的果实成熟。采收时先将整个花序剪下,置于室内通风干燥处阴干,当花序干透后,用力将其搓下,风选后,剔除所有杂质,装入纱布袋内,保存于通风阴凉处备用,保存过程中注意防虫蛀和霉变。有条件的可将干透的种子放入塑料瓶中于冰箱中 4℃ 保存,可避免虫蛀和霉变。柳蒿的种子无休眠期,采后即可播种。

(2)播种育苗　柳蒿自春季顶凌至当地初霜前的 80 天均能播种。整地前每 667 米^2 施用腐熟优质农家肥 5 000 千克,然后深翻 30 厘米,将大土块打碎,地面整平、耙细,打成 60 厘米大垄。在大垄上开深 15~20 厘米、宽 25~30 厘米的沟,或按 20 厘米的穴距开穴。每 667 米^2 于沟底施入 20 千克磷酸二铵作种肥,其上再盖少量的土埯肥。由于柳蒿种子极小,播种时种子、细沙按 1:4 的比例混拌均匀后再撒播,撒播后覆细土,覆土厚度小于 0.5 厘米,覆土后镇压,最后形成一个马槽形的垄。若在夏、秋季播种后还要盖上稻草等覆盖物,防止雨水直接拍打而影响出苗。

(3)播后管理　播后 5~7 天便可出苗,若遇干旱天气应向覆盖物表面喷水,以利出苗。当大部分苗出土后应及时撤掉覆盖物,拔除杂草。

2. 分根繁殖　柳蒿的分根繁殖,可在化冻后至终霜前的 70 天内均可进行。首先采挖野生柳蒿的母根,经分株、整理后定植于已做好的大垄上,按株距 20 厘米、每丛 2～3 株进行定植。定植后浇 150 毫克/千克植物生根粉溶液,每穴浇 250 毫升左右,浇后盖土将垄封严。出苗后按播种后的管理进行。

3. 扦插繁殖　6～8 月份,选择柳蒿半木质化的茎,将其剪成长 10～15 厘米,下切口具节 0.5～1.0 厘米,上切口平齐,将柳蒿下端浸泡于 50～100 毫克/升萘乙酸溶液中 10 分钟左右,按株行距 5 厘米×10 厘米,扦插于珍珠岩、蛭石和草炭 1∶1∶1 比例的基质中,扦插后用喷壶浇 1 遍透水。扦插后 3 天内保持空气相对湿度在 90%左右,基质相对湿度在 70%以上,3 天后空气相对湿度逐渐降低至 70%左右,土壤相对湿度在 60%左右,昼温控制在 20℃～22℃,高于 25℃应做降温处理,夜温不低于 8℃,一般在 15 天左右便可生根。

（三）栽培技术

1. 林下、荒坡地栽培技术

(1)场地选择　柳蒿抗寒、耐旱、耐涝、耐瘠薄,对环境适应能力极强。因此,在坡向选择上阴坡、阳坡均可,柳蒿在多年生乔木林、灌木林、针阔混交林、草甸、林源湿地、河岸湿地、山角、路旁、沟旁、沼泽及村舍低湿地等处,均能生长良好。

(2)清林整地　播种前清除场地中的杂草、灌木丛、杂树、石块等杂物。最好在定植前一年的秋季至上冻前进行整地,刨地深度以 20 厘米为宜,以冻死地下害虫、越冬虫卵以及病原微生物等。

(3)整地定植　有条件的地方可施一定量优质农家肥,然后深翻土地将肥与土混匀,整平耙细后,根据地势做宽 60 厘米、高 15～20 厘米高垄,以利于排水。可以采用播种育苗,也可以采用分根或扦插繁殖的方法。采用分根繁殖因其种苗根系发达,定植后当年便可采收上市。严霜后地上部枯萎死亡,地下部根状茎越冬。由于野外环境比较恶劣,当年播种育苗的柳蒿抗寒能力弱,为防止柳蒿发生冻害,严霜后将柳蒿枯萎的地上部沿地表剪下,上覆10厘米左右的细碎落叶,有条件的地方浇水后再覆盖的效果更佳。

2. 冬季日光温室反季节栽培技术

(1)种苗繁殖 柳蒿虽然有种子,可利用其种子进行常规种植,但温室生产大多数采用以根茎为主的繁殖材料。根茎采集时间为10月底至11月初,即土壤封冻之前,到沿河两岸、沟塘、草甸子、水池等柳蒿密集生长地带采挖根茎,用铁锹、镰刀,首先割掉上部分的茎秆,然后,用镐刨出地下根茎。根茎一般生长在5~10厘米的土层中,根茎浅,水平生长属于肉质根。将老朽根去掉,新根茎收回,于阴凉处埋在土壤中待用。在此时间要特别注意根茎伤热、失水,影响后期出苗。

(2)温室的准备 11月中下旬温室要及时扣上棚膜,然后进行整地、做床,翻地前每667米^{2}施腐熟农家肥(猪圈粪为宜)3 000千克,翻地深度15~20厘米为宜,然后做床,床宽1.2~1.5米,长度视温室的宽度而定。做床要细致,床面要平,没有明显的硬块。做床后进行灌水,使床面5厘米的土层水分达到饱和状态,待用。

(3)定植 床面稍干后,将待用根茎取回温室内,将老根再一次去掉,将新根截成8~10厘米的根段,每平方米按1.5~2.5千克的播量摆匀。然后覆2厘米的优质山皮土,用喷壶喷水,如有外露的根茎再用山皮土覆盖。

(4)田间管理 11月中旬为最佳覆盖期。覆盖之前,将柳蒿的地上茎秆平地铲除,同时清除田间的枯枝残叶,浅松土,避免损伤地下根状茎,每667米^{2}施腐熟人粪尿3 000~4 000千克或有机复合肥 50 千克,浇透水,5~7 天盖棚。同时,浮面覆盖地膜,四周压紧。

3. 塑料大棚反季节栽培技术

(1)整地施基肥 种植前 1 个月进行深翻晒垡,定植前 3~5 天进行整地,先全面耕翻,深度约 20 厘米,然后施基肥,每 667 米² 施腐熟农家肥 4 000~5 000 千克或腐熟饼肥 50~75 千克,将土与肥耙匀耙平后做畦,畦宽 1.2~1.4 米,沟宽 30 厘米、深 15~20 厘米。

(2)适时定植 柳蒿可用半木质化茎秆或根状茎进行移植,一般常用柳蒿茎秆繁殖,每 667 米² 用量约 150 千克左右。柳蒿适宜定植时间为 5~8 月份,产量高。将株高 60 厘米左右半木质化的柳蒿茎秆从基部近地面割下,去掉顶端的嫩梢,在畦面上按行距 30~40 厘米开沟,沟深 6 厘米左右,然后按株距 20~25 厘米沿沟依次把茎秆相连平铺入沟中,覆土后使茎秆有 3~5 节露出地面,浇透水,保持土壤湿润,促使茎秆在土壤中尽快生根,提高成活率。每 667 米² 种植密度为 1 万株左右。

(3)生长期管理 柳蒿大棚栽培早熟高产的关键,是在柳蒿的生长期充分满足肥水供应,促使柳蒿旺盛生长。同时,要求在 7 月下旬至 8 月中旬对柳蒿进行打顶摘心,控制生殖生长,促使柳蒿地上部分的大量养分向根状茎集中积累,为棚栽柳蒿高产打下良好的基础。8~9 月份结合浇水施 2 次肥,每 667 米² 施尿素 10 千克,防止后期早衰,加快根状茎的生长和养分的积累。同时,还应及时中耕除草。另外,要注意及时防治蚜虫、叶霉病、锈病等病虫害。

(4)搭棚覆盖 大棚柳蒿从萌发到采收上市需 40 天左右,因此可根据上市期安排,提前 40 天进行盖膜。一般在初霜后,及时割除柳蒿地上部分,并清除田间杂草枯叶。在大棚盖膜之前,结合中耕松土,每 667 米² 施腐熟人粪尿 3 000~4 000 千克或有机复合肥 50 千克,浇透水,5～7 天盖棚,再浇 1 次透水。大棚四周压紧。大棚盖膜后的田间管理以温度管理为主:晴天白天棚内气温控制在 17℃～23℃,超过 25℃,应在背风处适当通风;阴雨天,棚内温度控制在 12℃～16℃;夜间气温低于 10℃时要在柳蒿上用地膜浮面覆盖,气温低于 0℃时大棚上要加盖草苫保温。

(5)采用植物生长调节剂处理 柳蒿在大棚栽培条件下,对植株喷洒赤霉素,可以促进地上部分生长,使茎秆粗而嫩,对促进早熟高产具有显著效果。植物生长调节剂处理方法是:按每克赤霉素对水 12 升的比例配成 80 毫克/千克溶液,每 667 米^2 需用 3～4 克赤霉素;在柳蒿上市前 1 周苗高 5～10 厘米时,用配好的赤霉素溶液均匀喷洒在植株叶面上即可。

(6)适时采收 当柳蒿株高 15～20 厘米时,用刀在柳蒿基部平地面割下,摘除叶片后即可上市。如需外销,则需将嫩茎在干净的清水里浸泡一下,可以防止运输过程中发热、失水而发生木质化,保持嫩茎清香和鲜嫩。

第一茬采收后,立即追肥浇水,以后管理同第一茬,这样再经40 天左右,第二茬即可采收上市。一般大棚柳蒿可采收 2 次。

(四)采收与加工

1. 采收 当嫩苗高 15～20 厘米时,可采摘或用刀割下,抹去下半部分或全部叶片,包装出售;秋、冬季将地下茎挖出,洗净,分级包装出售。

2. 加 工

(1)晒干菜 将嫩茎叶洗净,沸水焯 2 分钟,清水浸泡去苦味,捞出沥水,晒干或烘干,贮藏于干燥处。食用前清水泡开,炒食、做汤或做馅。

(2)腌咸菜 将嫩茎叶洗净,晒软,加盐揉搓,装入坛内,加佐

料搅拌均匀,封存。·

（五）病虫害防治

柳蒿野外栽培少有病虫害发生,温室栽培时易发生蚜虫危害,可用黄板诱杀或喷施 1.8％阿维菌素乳油 800 倍液。防治叶霉病可喷施 70％甲基硫菌灵可湿性粉剂 1 000 倍液,每 7～10 天喷 1次,连喷 2～3 次。防治锈病可喷施 65％代森锌可湿性粉剂 600倍液,或 25％三唑酮可湿性粉剂 1 500～2 500 倍液,每 7～10 天喷1 次,连喷 2～3 次。

十、牡 蒿

（一）概　述

牡蒿（*Artemisia japonica* Thunb.）俗名平顶蒿、馍馍蒿，为菊科蒿属多年生草本植物。牡蒿具有生长季节长、抗逆性强、极少发生病虫害等特点，是一种极具推广价值的野菜。

1. 形态特征　牡蒿为多年生草本植物，株高 60～150 厘米。根状茎粗壮，茎直立，常丛生，上部有开展或直立的分枝，被少数柔毛或无毛，有条形的假托叶，上部有齿或浅裂；中部叶楔形，顶端有齿或近掌状分裂，近无毛或有微柔毛；上部叶近条形，三裂或不裂。头状花序多数，排成复总状，有短梗或条形的苞叶；总苞球形或矩圆形，直径 1～2 毫米；总苞片 4 层；外层花雌性，能育，内层花两性，不育。花期 7～9 月份，果熟期 8～10 月份。瘦果长 1 毫米，椭圆形，无冠毛，褐色，千粒重为 0.1 克左右。

2. 生态习性与分布　牡蒿喜温，不耐高温，较耐寒，最适生长温度为 20℃～30℃。较耐贫瘠，对土壤要求不严格，但在肥沃疏松的壤土或沙壤土条件生长良好，最适宜土壤 pH 值 5～7。

牡蒿广泛分布于我国南北各省，在日本、朝鲜及俄罗斯远东地区也有野生分布。

(二)种苗繁育

1. 种子繁殖

(1)种子采收　牡蒿的果实于9～10月份成熟,此时可采收种子。采收时先将整个花序剪下,置于室内通风干燥处阴干,当花序干透后,用力将其搓下,剔除所有杂质,装入布袋内,于通风阴凉处保存,保存过程中注意防虫蛀和霉变。牡蒿的种子无休眠期,采后便可播种育苗。

(2)播种育苗　春季露地播种应在地温稳定在5℃以上时进行,辽宁地区在3月下旬至4月上旬开始进行;日光温室播种不受季节限制,一般在10月中下旬扣膜并进行播种。牡蒿喜肥沃疏松、pH值5～7的壤土或沙壤土,播种前先深翻土地30厘米左右,每667米^{2}施入腐熟优质农家肥2000千克左右,拌匀后做成宽1.2米、深15厘米左右、长10～20米的低畦,畦埂宽30厘米。将畦面耙平,按每平方米用种量5～10克,将种子与细沙或细土混拌均匀后进行条播,行距为20厘米,沟深1～2厘米,播后覆土厚0.3～0.5厘米,然后喷水,露地播种最好覆盖黑色地膜保温保湿。

(3)播后管理　牡蒿播种后10天左右子叶出土,这时露地播种的应选择阴天或在傍晚撤掉地膜,以后根据天气情况适当浇水。日光温室播种需管理好棚室温度,白天温度保持在20℃～25℃,夜温不低于5℃。从子叶出土到第一片真叶展开需15天左右,此时开始按2厘米间距间苗,间苗后浇水,以后适当控水炼苗。从第一片真叶展开至第三片真叶展开需30～35天,此时苗高可达8～10厘米,进行移栽定植。

2. 分株繁殖　牡蒿的分株繁殖,在化冻后至终霜前的70天内均可进行。首先采挖野生牡蒿的母根经分株、整理后定植于畦中,按株行距30厘米×30厘米进行定植,出苗后按播种后的管理

十、牡 蒿

进行。

(三)栽培技术

1. 林下、荒坡地栽培技术

(1)场地选择 牡蒿耐旱、耐贫瘠、耐寒能力强,因此在坡向选择上阳坡、阴坡均可栽培。牡蒿在多年生乔木林、灌木林、针阔混交林、林源湿地、山角、路旁、沟边、地头、田坎等处,均能生长良好。

(2)清林整地 播种前清除场地中的杂草、灌木丛、杂树、石块等杂物。最好在定植前一年的秋季至上冻前进行整地,刨地深度以 30 厘米为宜,以冻死地下害虫、越冬虫卵以及病原微生物等。

(3)整地定植 有条件的地方可施一定量优质农家肥,然后深翻土地将肥与土混匀,整平耙细,根据地势做宽 1 米、长依具体情况而定的畦。可以采用播种育苗,也可以采用分株繁殖的方法。分株繁殖因其种苗根系发达,定植后当年便可采收上市。严霜后地上部枯萎死亡,地下部根状茎越冬,由于野外环境比较恶劣,当年播种育苗的牡蒿抗寒能力弱,为防止牡蒿发生冻害,严霜后将牡蒿枯萎的地上部沿地表剪下,上覆 10 厘米左右的细碎落叶,有条件的地方浇水后再覆盖的效果更佳。

2. 日光温室栽培技术

(1)播种育苗 日光温室播种不受季节限制。一般在 8 月中下旬进行播种育苗,10 月上旬定植。播种育苗及播后管理的方法同种子繁殖。

(2)整地做畦 采用长 80 米、跨度 8 米、高 3.5 米标准日光温室,深翻土地 30 厘米左右,每 667 米² 施入腐熟农家肥 2 000 千克,沿东西延长方向做 4 长畦,棚前脚留 50 厘米宽做畦埂,后墙基留 30~40 厘米宽做畦埂,中间 3 畦埂各 30~40 厘米宽,畦床宽度1.5 米。温室内沿东西方向架设 2 条微喷供水管带,距地面高度为 50 厘米。

(3)**移栽定植与管理**　垂直畦面开 10 厘米深沟，按株行距 20 厘米×20 厘米进行移栽定植，定植后进行喷水。此时适当提高棚温，白天温度 27℃左右，不宜超过 30℃，夜间温度 10℃～15℃，2 天后缓苗。此时降低温度，白天控制在 20℃～25℃，夜间 10℃左右。牡蒿喜温暖环境，忌高温高湿环境，在水分管理上要求土壤见干见湿，间干间湿，一般每周浇 1 次透水。牡蒿耐贫瘠土壤，为了提高产量和品质，一般每 15 天左右施 1 次腐熟鸡粪，用量为 1 千克/米^2 左右，施肥后浇水，有条件的情况下可追肥浓度为 15%～25% 的沼液，效果最好。当苗高 15 厘米时进行摘心，促发侧梢，侧梢伸长至 15～20 厘米时，于侧梢基部留 2 个叶片采收牡蒿嫩茎。要适当控制光照强度，冬春季(11 月份至翌年 5 月份)采用内挂遮阳网(遮光度 50%)遮光；夏秋季(6～9 月份)采用利索喷涂遮光降温或将遮阳网盖于棚膜外，以利遮光和降温。每茬收割后，撒施腐熟鸡粪，用量为 1 千克/米^2 左右，有条件的地区可用沼液追肥，追肥的时间间隔同前。

3. 塑料大棚反季节栽培技术

(1)**整地做畦**　牡蒿塑料大棚栽培采用露地育苗移栽方式生产。采用 10 米宽、70 米长的东西向塑料大棚。深翻土地 30 厘米左右，每 667 米^2 施入腐熟农家肥 2 000 千克，沿大棚南北延长向做 6 条长畦，畦床宽度 1.3 米，中间 5 条畦埂各 30 厘米宽，两边距棚脚各留 35 厘米做畦埂。大棚内沿南北方向架设 2 条微喷供水管带，距地面高度为 50 厘米。

(2)**移栽定植与管理**　6 月份当露地苗高 8 厘米左右时进行移栽定植，定植方法同日光温室栽培。定植后喷水，以后注意除草，视天气情况及土壤墒情及时喷水，追肥方法同日光温室栽培。8 月初可采第一茬，9 月中旬可采收第二茬，10 月下旬采收第三茬。11 月初揭膜，待翌年春季 2 月末至 3 月初扣膜，4 月初可采收

十、牡 蒿

第一茬,以后每 35 天可采收一茬,10 月下旬采收末茬。夏季气温
较高,需要遮光处理,采用遮光度 50％遮阳网或用利索喷涂遮光
降温。

（四）采收与加工

1. 采收 牡蒿定植后 40 天左右可采收第一茬,以后每 35 天
可采收一茬。具体采收方法是:当侧梢伸长至 15～20 厘米时,于
侧梢基部留下 2 个叶片用手折断。采后将嫩梢,按每 500 克扎 1
捆,上市销售。牡蒿日光温室周年栽培,每年可连续采收 10 茬以
上,每 667 米² 每年可采收 5 000 千克以上。塑料大棚栽培,第一
年可采收 3 茬,从第二年 4 月份开始,每年可连续采收 6～7 茬,每
667 米² 年产量可高达 3 000 千克以上。

2. 加 工

(1)晒干菜 将嫩茎叶去杂、洗净,沸水烫一下,捞出,清水浸
漂 1 天,晒干,贮藏。用时放入热水中泡开,炒食、炖肉或切碎和面
做菜馍。

(2)腌咸菜 将洗净的鲜品放入干净的缸中,加入 20％的食
盐及水,封坛腌制。半个月后,捞出炒食、凉拌均可。

(3)制罐头 将洗净的鲜品切成长 10 厘米的段,分选后装入
罐内,加入汤汁,杀菌,冷却,贮存。

（五）病虫害防治

牡蒿的病虫害较少,棚室生产几乎没有虫害。虫害主要有蚜
虫危害,可用 10％吡虫啉可湿性粉剂 3 000～5 000 倍液防治,每隔
5～7 天喷 1 次,连喷 2～3 次。病害主要有软腐病和白粉病。软
腐病可在发病初期用 72％硫酸链霉素可溶性粉剂 3 000～4 000 倍

液喷洒病株，每5～7天喷1次，连喷2～3次。白粉病可用25％三唑酮可湿性粉剂1000～2000倍液喷洒病株2～3次。平时要做好防病控病工作，在栽培牡蒿前要进行必要的棚室和土壤消毒，发现病株要及时拔除或进行药剂处理，把病虫害危害降到最低。

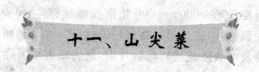

十一、山尖菜

山尖菜(*Cacalia hastate* L.)中文名山尖子,俗名三角菜、山菠菜、猪耳菜、毛铧尖等,为菊科兔儿伞属多年生宿根草本植物。山尖菜是人们喜欢采食的一种野菜,口感滑嫩,风味独特,人工栽培刚刚起步,是林下和反季节栽培极具开发潜力的山野菜珍品。

(一)概　述

1. 形态特征　山尖菜属直根系,高约 100 厘米。茎粗壮,上部密生腺状短柔毛。叶互生,下部叶花期枯萎;中部叶三角形或戟形,长 11～12 厘米,宽约 15 厘米,基部戟形,边缘有尖齿,上面疏生短毛,下面密生柔毛;叶柄具狭翼。头状花序多,下垂,排成圆锥花序,花序柄长 1.5～2.5 厘米,密生腺状毛;总苞筒状,具密生腺毛;管状花淡白色。瘦果淡黄褐色,冠毛白色。花期 6～7 月份,果熟期 7～8 月份,种子上冠毛白色。

2. 生态习性与分布　山尖菜喜温、耐寒,喜湿润、光照充足的气候条件。适宜生长在疏松透气、有机质含量高的壤土或沙壤土。

山尖菜野生于山坡、林下或林缘,在林荫下生长的茎叶品质较好。主要分布于东北、内蒙古、河北、山东、河南等地区。

(二)种苗繁育

1. 种子繁殖

(1)种子采收　山尖菜的果实于 9～10 月份成熟,此时将淡黄褐色的瘦果采回。采收时可将整株采回,然后将花序剪下,置于室内通风干燥处阴干,当花序干透后,用力将其搓下,剔除所有杂质,装入布袋内,于通风阴凉处保存。山尖菜的种子无休眠期,采后可直接播种育苗。

(2)播种育苗 露地直播一般在4月中下旬或9月中下旬,选择疏松肥沃的壤土或沙壤土。每667米^{2}施用充分腐熟农家肥2 500~3 000千克,用种量1千克左右。深翻土地,做畦或播种育苗。播种前将畦浇透水,待水渗入后,将种子均匀地撒播在畦面上,播种后覆0.5厘米左右厚的细土。为保持畦面湿润,可覆盖废旧的遮阳网保湿。

(3)播后管理 当大部分种子拱土时撤掉覆盖物,保证土壤充足的肥水条件,培育壮苗。直播后需间苗2次,最后按株行距10厘米×10厘米进行定苗。若采用苗床育苗,保证株行距在2厘米×2厘米,当苗高10厘米左右时,及时分苗定植。苗期温度控制在25℃左右,保持苗床湿润,及时中耕除草。

2. 分根繁殖 春季化冻后山尖菜未萌发前至9月中下旬,可采挖野生山尖菜的母根,经分株、整理后定植于畦中;按20厘米×20厘米株行距进行定植,出苗后视天气情况进行喷水,每隔30天追肥1次,以氮肥为主,每次浇水后结合中耕进行除草。

（三）栽培技术

1. 林下、荒坡地栽培技术

(1)场地选择 山尖菜有较强的耐寒性和适应性,因此在坡向选择上阴坡、阳坡皆可。在多年生乔木林、灌木林、针阔混交林、林源湿地等处,均能生长良好。

(2)清林整地 播种或定植前,清除场地中的杂草、灌丛、杂树、石块等杂物。最好在定植前一年的秋季至上冻前进行整地,刨地深度以 30 厘米为宜,以冻死地下害虫、越冬虫卵以及病原微生物等。

(3)整地定植 有条件的每 667 米² 可施入腐熟农家肥 2 500 千克左右,然后深翻土地将肥与土混匀,整平耙细后,做畦。可以采用播种育苗,也可以采用分根繁殖的方法。苗期视天气与土壤墒情浇水,有条件的地方,浇水时可每 667 米² 随水追施尿素 25 千克左右,整个生长季施肥 1～3 次。

2. 日光温室栽培技术

(1)播种育苗 可以采用直播方式,一般在温室内 9 月中下旬进行。或者利用春季露地直播育苗养根,秋季定植到温室内,此种栽培模式产量较高。具体育苗方法参考种子繁殖。

(2)整地定植 选择疏松肥沃的壤土或沙壤土。每 667 米² 施用充分腐熟有机肥 2 500～3 000 千克,深翻细耙。南北向做 1.2 米宽的畦。当苗高 10 厘米左右时,在畦内开沟距 10 厘米、深 5 厘米左右的沟,按株距 10 厘米进行摆苗、稳苗、浇水,水渗下后覆土。

(3)田间管理 刚定植后要闭棚升温,缓苗后白天保持温度 25℃～30℃,夜晚 5℃以上,温度过高要放风降温,气温过低要及时采取临时加温、覆盖二层幕等保温措施。定植成活后,及时浇缓苗水。缓苗后浇水应见干见湿。低温季节浇水要选择在晴天上午进行。根据植株的生长状态进行追肥,可结合浇水进行,每 667 米² 追施尿素 25 千克左右。整个生长期要注意中耕锄草。

3. 塑料大棚生产技术 利用塑料大棚可在早春或晚秋进行生产,经济效益高。可以利用露地栽培进行育苗,或野外采集母根 9 月中下旬定植于大棚内,每 667 米² 施入 2 500～3 000 千克腐熟有机肥。定植后闭棚升温,以提高地温。促进植株尽快萌发,同时应注意肥水供应。当植株萌发后,注意控制大棚内温度,当棚内温度超过 25℃时,要放风降温,防止植株徒长,影响品质。一般 30 天后可进行第一次采收,采收结束后要及时浇水施肥。在冬季低温来临前还可以采收 1 次。最后一次采收结束后,要在栽培畦上覆盖一层有机肥,并浇防冻水,让根系安全过冬。第二年春天当大棚内土壤化冻后,清理残株,浇水,植株萌发后给予适宜的环境条件,可以提早上市。

（四）采收与加工

1. 采收 山尖菜幼苗长至 5～7 片叶时,即可采收,用刀割下,注意留下部基生叶 3 片左右,以利于下一茬生长,摘除黄叶、烂叶,按每 0.5 千克扎捆,包装出售,每采收 1 次要少量施肥,并浇水。

2. 加工

(1)晒干菜 将幼苗用清水洗净,沸水漂烫 1～2 分钟,捞出沥水,烘干或晒干,置于干燥处贮藏。食用前用热水泡开,炒食、做汤,尤以炖肉食为佳。

(2)腌咸菜 将幼苗洗净,沸水漂烫一下,加入 15％食盐及花椒等佐料,放入缸内拌匀,10 天后即可食用,凉拌或作扣碗肉底菜。

（五）病虫害防治

山尖菜在夏季高温、高湿的条件下受叶枯病危害较大。防治方法:可在发病前或在初期用 1:1:120 波尔多液或 1％多抗霉素水剂 200 倍液喷雾,每隔 7 天喷洒 1 次,共喷洒 2～3 次。

虫害主要有蝼蛄等地下害虫,可用敌百虫拌米糠诱杀,或用 50％辛硫磷乳油 1 000 倍液拌麦麸制成毒饵防治较好。

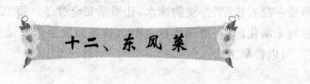

十二、东风菜

(一)概　述

东风菜[*Doellingeria scabra*(Thunb.)Nees.]中文名东风菜,俗名山蛤芦、大耳毛、冬风草、仙白草、山白菜等,为菊科紫菀属多年生草本植物。近代研究表明,东风菜营养丰富,具有一定的提高人体免疫力的作用。东风菜在辽宁省丹东宽甸、凤城已进行了保护地栽培,市场前景看好。

1. 形态特征　多年生草本植物。根状茎粗短,横卧。茎直立,高100厘米,圆形,有纵棱,被糙毛。叶互生,基生叶片心形或广卵形,边缘具锯齿,两面有毛,中下部叶具长柄,上部叶无柄。头状花序排成伞房状圆锥状花序;总苞片钟形,3层,无毛;舌状花白色,筒状花黄色。瘦果长椭圆形,冠毛与管状花等长,黄色。花期6~10月份,果期8~10月份。

2. 生态习性与分布　东风菜喜湿、耐寒,常生长于落叶阔叶林下。喜微酸性土壤,喜肥,在疏松肥沃的土壤上生长良好。

在我国北部、东部及南部各地有野生分布,在朝鲜、蒙古等国也有野生分布。人工栽培主要分布于我国东北、河北、内蒙古、山东等省区。

(二)种苗繁育

1. 播种育苗 东风菜的果实于 9~10 月份成熟,此时可进行种子的采收。采收时先将整个花序剪下,置于室内通风干燥处阴干,当花序干透后,用力将其搓下,剔除所有杂质,装入布袋内,于通风阴凉处保存,保存过程中注意防虫蛀和霉变。

春季深翻土地 30 厘米左右,每 667 米² 施入腐熟农家肥 3 000 千克左右,然后整地做畦,畦宽 100~120 厘米,高 15~20 厘米,长 10~20 米,在畦床上间距 15 厘米横畦开 5 厘米深的沟,将浸泡 1 夜后的东风菜种子拌细沙或细土均匀撒入沟内,以每 1 厘米长度隐约可见 2~3 粒种子为度,覆土 2~3 厘米厚,播后浇透水。播后 15 天左右出齐苗,以后注意除草松土。6 月份苗高达 10 厘米左右时,可进行定植。

2. 根状茎繁殖 东风菜在春、秋两季均可用根状茎繁殖,春栽多于 4 月上旬进行,秋栽多于 10 月下旬进行,北方寒冷地区为防止种苗冬季在地里冻死,多在春天栽植。若采用秋栽,应做好越冬防寒工作。选择东风菜密集分布的地块,刨收时选择节密而粗壮的根状茎,选择白色较嫩带有紫红色、无虫伤斑痕、近地面处的根状茎作种栽。尽量不用芦头部的根状茎作种栽,因这样的根状茎栽植后容易抽薹开花,影响根的产量和品质。若秋季栽培,则随刨随栽;若春季栽培,需将根状茎进行窖藏。栽前将选好的根状茎剪成长度为 5~10 厘米、带 2~3 个芽眼的小段,根状茎新鲜、芽眼明显其发芽力强,按行距 33 厘米开 6~8 厘米的浅沟,把剪好的种栽按株距 16 厘米左右平放于沟内,每撮摆放 2~3 个根段,盖土后轻轻镇压并浇水,每公顷需用根状茎 150~225 千克。栽后 2 周左右出苗,苗未出齐前注意保持土壤湿润,以利出苗。出苗后管理同种子繁殖。

十二、东 风 菜

（三）栽培技术

1. 林下、荒坡地栽培技术

（1）场地选择　东风菜喜肥耐瘠薄能力差，有机质含量高的壤土或沙质壤土生长良好，排水不良的洼地和黏重土壤生长不良。阴坡、阳坡均可栽培，在落叶阔叶林下、灌丛、林缘草地、沟谷坡地及草甸等地均可栽培。

（2）清林整地　播种前将场地中的杂草、灌木丛、杂树、石块等杂物清除。最好在定植前一年的秋季至上冻前进行整地，刨地深度以 30 厘米为宜，以冻死地下害虫、越冬虫卵以及病原微生物等。

（3）整地定植　有条件的地方可每 667 米^2 施优质农家肥 2 500～3 000 千克，然后深翻土地，将肥、土混匀，整平耙细后做畦。可以采用播种育苗，也可以采用根状茎育苗。采用根状茎繁殖的方法育苗，因其种苗根系发达，定植后当年便可采收上市。严霜后地上部枯萎死亡，地下部根状茎越冬，由于野外环境比较恶劣，为防止东风菜发生冻害，严霜后将东风菜枯萎的地上部沿地表剪下，上覆 5～10 厘米左右的细碎的落叶。

（4）定植后管理　在生长期应保持田间土壤湿润。有条件的，在植株旺盛生长期，可结合浇水或大雨后每 667 米^2 追施尿素 25 千克，一般整个生育期追施 2～3 次。6～7 月份开花前将花薹打掉，以减少养分消耗促进根部生长。

2. 日光温室反季节栽培技术

（1）整地做畦　结合施肥（每 667 米^2 施腐熟农家肥 4 000 千克以上）深翻土地 30 厘米左右，搂平耙细后，沿温室南北方向做 1.2～1.5 米宽平畦，畦埂宽 20～30 厘米。

（2）播种育苗　春季，沿东西方向在畦内开 2 厘米左右浅沟，沟距 12 厘米左右，种子和细沙按体积 1：2～3 的比例混拌均匀，播于浅沟内，覆盖 1～1.5 厘米厚的细土，覆土后用礅子或平锹镇压，用塑料薄膜或旧草苫覆盖，待出苗后及时撤掉覆盖物。

（3）田间管理　栽培中视土壤墒情及时补水，保持床面湿润。当东风菜苗高 6～8 厘米时定苗，间小苗、留大苗，苗距 12 厘米左右，定苗后棚外用 50％遮光度的遮阳网覆盖，9 月下旬至 10 月初将遮阳网撤掉。

（4）休眠期管理　秋季植株枯萎，及时将地上部枯萎部分沿地表剪除，并将田园清理干净，而后上覆 2 厘米左右腐熟的农家肥。当气温下降到 0℃以下时，白天将温室草苫放开，夜晚将草苫卷上，以利于增加东风菜表土土壤冷冻时间和厚度。当冻土层厚度达到 10 厘米，并持续 15 天以上时，11 月末至 12 月上旬，草苫改为白天卷起晚间打开，使温室逐渐升温，待土壤解冻后室内温室控制在 20℃～25℃，过高时应放风降温。

（5）温室管理　冬季棚内空气相对湿度保持 85％以上。阴天、风雪天不宜浇水，浇水时尽量选择中午气温最高时进行，忌大水漫灌。适当控制室内湿度，当湿度过大时，在日出前打开顶风口 20 分钟左右排湿，或于晴天中午放风排潮。温室内温度白天应控制在 20℃～25℃，超过 30℃放风降温，夜温控制在 8℃～10℃。为提高东风菜品质，应选择 50％遮光度的遮阳网覆盖，或采用白天温室草苫隔一苫揭一苫的办法进行遮阴处理。元旦前后可进行采收，每茬采收时间相距 20 天左右，每个周期大概在 45 天左右，采收后床面覆盖腐熟有机肥 2 000 千克左右，利于保根，为后续生产奠定良好的基础。

3. 塑料大棚反季节栽培技术

（1）整地做畦　东风菜塑料大棚栽培可采用播种育苗方式，也可采用露地育苗移栽方式生产。播种育苗方式同日光温室，育苗移栽方法为，采用 10 米宽、70 米长的南北向塑料大棚，深翻土地 30 厘米左右，每 667 米² 施入腐熟农家肥 4 000 千克，沿大棚南北延长向做 6 条长畦,畦床宽度 1.2 米,中间 5 条畦埂各 30 厘米宽,两边距棚脚各留 35 厘米做畦埂。温室内沿南北方向架设 2 条微喷供水管带,距地面高度为 50 厘米。

(2)移栽定植与管理 当露地栽培的东风菜苗高 8 厘米左右时进行移栽定植,定植方法为,畦内开深 5 厘米左右的沟,沟距 12 厘米,按苗距 12 厘米进行定植,定植后浇 1 次透水。定植前塑料大棚外覆盖 50%遮光度的遮阳网。定植后注意除草,视天气情况及时喷水,11 月初揭膜,待翌年春季 2 月末至 3 月初扣膜。扣膜后棚室管理同日光温室。

(四)采收与加工

1. 采收 东风菜幼苗长至 10 厘米以上时,即可采收,植株基部留 2 片叶左右,采收上部嫩茎尖。采收后要挑出黄叶,码好,按每 0.5 千克扎捆,包装出售。

2. 加 工

(1)制干菜 将嫩茎叶去杂、洗净,沸水漂烫,晒干或烘干,包装,贮藏。食用前以开水浸泡,配做肉或鸡蛋汤,也可做馅食用。

(2)腌咸菜 幼苗及嫩茎叶除去杂质,洗净,沥去浮水,以 15%食盐,一层盐、一层菜,并调成麻辣味,封藏。常作凉菜食用。

(五)病虫害防治

东风菜在生长发育期间易发生叶枯病,多在高温、高湿的夏季发生,在发病初期用 1∶1∶120 波尔多液,或 1%多抗霉素水剂 200 倍液喷雾防治。虫害主要有蚜虫危害,可用 10%吡虫啉可湿性粉剂 3 000~5 000 倍液防治,每隔 5~7 天喷 1 次,连喷 2~3 次。

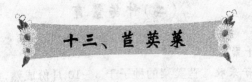

十三、苣荬菜

（一）概　述

　　苣荬菜（*Sonchus arvensis* Linn.）中文名苣荬菜，俗名苦荬菜、取麻菜、败酱草、苦菜等，为菊科苦苣属多年生草本植物。苣荬菜不仅营养丰富，而且有一定的保健功能。苣荬菜具有清热解毒、凉血治痢、消肿排脓的功效。有研究表明，食用苣荬菜具有一定的提高人体免疫力的作用。

　　1. 形态特征　苣荬菜为多年生草本植物，全株有乳汁，高30～100厘米，根状茎黄白色，细长横走；须根纺锤形。茎中空，直立，无毛，外有棱。基生叶矩圆形或披针形，不分裂或羽状深裂，先端锐尖，有小刺。茎生叶互生，叶缘为不规则的尖锯齿状，叶柄有窄翅，茎上部叶抱茎。头状花序，单一，或数朵排成伞房花序；总苞及花柄有绵毛；花鲜黄色。瘦果侧扁，冠毛白色。花期7～8月份，果熟期8～10月份，种子千粒重1.6克左右，使用年限2～3年。

　　2. 生态习性与分布　苣荬菜适应性较强，喜冷凉，抗寒耐热。植株生长的最适温度15℃～20℃。喜湿、怕涝、耐贫瘠，对土壤要求不严格，但在土质疏松、保水保肥力强的壤土条件下栽培，能获得高产。

　　苣荬菜原产于欧洲或中亚细亚，在世界上分布很广，我国全国各地均有野生分布。市场销售一直以野外采集为主，随着近年市场需求的增加，已有一些地区进行人工栽培。

（二）种苗繁育

1. 种子繁殖

（1）种子采收　苣荬菜的种子于 8～10 月份成熟,此时可进行种子的采收。采收时将整个花序剪下,置于室内通风干燥处阴干,当花序干透后,收集种子,剔除种子中所有杂质,装入布袋内,于通风阴凉处保存。

（2）种子处理　苣荬菜的种子有 2～3 个月的休眠期,需打破休眠后才能播种。将秋季风干的种子与其体积 3 倍的相对湿度为 50% 左右的细沙混匀后,装入袋中,埋入深 30～50 厘米的较干燥的地下,翌年春天土壤解冻后取出,便可播种。或在春季播种前将种子用 50 毫克/千克赤霉素溶液浸泡 12 小时,捞出晾干后待用。

（3）播种育苗　播种前每 667 米² 撒施 2 000～3 000 千克有机肥,深翻整地做平畦,畦宽 1.0～1.2 米,畦埂宽 30 厘米左右。苣荬菜春、夏、秋三季均可播种,以春播为好。春播于 2 月底至 3 月初进行,秋播 9～10 月份进行,秋播种子若不处理于翌年春季出苗。可采用条播或撒播的方式进行播种,条播按行距 8～10 厘米开 2 厘米左右浅沟,将种子与其 3 倍体积的细沙混匀后播种,播后覆土 0.5～1.0 厘米厚,覆土后轻轻镇压,镇压后洒水,可用稻草、秸秆或旧草苫等覆盖。出苗后及时将覆盖物揭去。苗期保证畦面湿润,以促进幼苗生长。苗高 5～6 厘米时可进行定植。

2. 根状茎繁殖

选择地势高燥、土壤肥沃、排灌良好的地块,每 667 米² 施入 2 000 千克左右的有机肥,秋季深翻耙平后做宽 1.2～1.5 米的平畦。4～5 月初选择种源多的地块挖取苣荬菜的根状茎。将母根上的老叶摘除,主根切成 5～8 厘米的根段,有顶芽的主根,保留顶芽,将切好的根段立即栽入畦内。栽时按行距 15 厘米,株距 12 厘米,开沟深 5～8 厘米,将根茎顺沟平放,然后覆5厘米左右厚的细土,轻轻镇压后浇足定根水。根据土壤墒情及时浇水,保持畦面湿润,以利于出苗。

（三）栽培技术

1. 林下、荒坡地栽培技术

(1)场地选择　苣荬菜抗旱、耐涝、抗寒、耐热、耐盐碱,适应能力极强,对土壤要求不严格。但在土壤肥沃、水分充足的地方,生长良好,品质优。因此,无论在阴坡还是阳坡均可栽培。在落叶阔叶林下、灌丛、林缘草地、沟谷坡地、田间、地头、路旁、沟边等排灌良好的地块,均能生长良好,但水分过多易烂根死亡。

(2)清林整地　播种前将场地中的杂草、灌木丛、杂树、石块等杂物清除。最好在定植前一年的秋季至上冻前进行整地,刨地深度以20～30厘米为宜,以冻死地下害虫、越冬虫卵以及病原微生物等。

(3)整地定植　有条件的地方可施一定量的优质农家肥,然后深翻土地将肥与土混匀,整平耙细后根据地势做宽1米左右的平畦。可以采用播种育苗,也可以采用根状茎繁殖的方法。

(4)田间管理　定植后保持畦面湿润,视天气情况和土壤墒情适时浇水,大雨后应及时将积水排除,防止积水造成苣荬菜烂根。有条件的每次采收后可随水追施一定量的有机肥。

2. 冬季日光温室反季节栽培技术

(1)育苗　可以在春季3月中下旬土壤解冻后露地播种,播种后进行正常栽培管理,在秋季将苗移栽到温室内进行反季节栽培。也可在10月份,苣荬菜地上部叶片枯萎后,到野外挖根茎。或者10月份在温室内直接播种,但产量不如上述2种方式高。

(2)整地定植　选择土层深厚、土质疏松的土壤,每667米²施用腐熟有机肥3 000千克、过磷酸钙30千克,深翻25～30厘米,整平做畦。畦宽 1.2 米,畦上开沟,沟距 10 厘米。摆苗,株距 10 厘米,每穴栽 3~4 株,栽苗后浇水,覆土。

(3)田间管理　植株定植后,闷棚升温,保证植株尽快缓苗,缓苗后,浇缓苗水,维持温室内温度 16℃~22℃,及时中耕、除草。视植株的生长状态进行浇水施肥,每 667 米² 施尿素 10~15 千克。随着外界温度的降低要注意保持温室内温度,草苫要早揭晚盖,并注意增加温室内光照,保证植株正常生长。每次采收后要追肥 1 次,一般在采收后 2 天结合浇水进行施肥。

3. 塑料大棚反季节栽培技术

(1)整地做畦　搭建宽 10 米、长 70 米南北延长的塑料大棚。深翻土地 30 厘米左右,每 667 米² 施入腐熟优质农家肥 3 000 千克,过磷酸钙 30 千克,翻入地下 20 厘米。东西向做畦床,高 10 厘米,宽 100~120 厘米,床间距 30 厘米。

(2)埋根栽培　苣荬菜根长而平伸地下 3~5 厘米处,最长的根系可达 110 厘米。采根时用镐刨或锹挖均可。苣荬菜根每隔 2~3 厘米就有 1 个根芽(有的根芽密集,1 厘米长有数个)。采挖回来的根茎,不分长短,在阴凉处保存。栽培时,床上开沟,与床横向开深 2.5 厘米的小沟,沟距 5 厘米。在沟内将根系顺长摆放,注意根芽向上。一般不剪断根系,这样根部不受损,保证对地上植株不间断地供应营养。根摆放后用细土将沟填平,用木磙轻轻镇压。

(3)播种栽培　播种一般采取床上撒播。种子用 50 毫克/千克赤霉素溶液浸泡 12 小时,捞出晾干,密闭于阴凉干燥处。将床面整平,每 667 米² 均匀播种 500 克。播种后筛细土覆盖 1~1.5 厘米。播种后床面要马上喷水,经常保持湿润。大棚内适宜温度为 16℃~22℃。从播种到出苗 15~20 天。

(4)田间管理　待苗出齐后,当真叶 2~3 片时,可按株距 6~8 厘米间苗、定苗。苣荬菜地上叶斜上生长,地上空间不会太拥挤,所以设计株距较小,但株距不能过密,否则会严重影响产量。

苣荬菜靠地下根茎供应营养,齐苗后松土,除草必须跟上。松土时,床上用刨锄在苗间刨耕,每8～10天就要进行1次。齐苗后要施以有机肥,以腐熟人畜粪尿最好,要用水稀释,在床面苗间洒施。每年施肥3～4次。要经常保持土壤湿润,特别是表层土壤不能干燥。床面浇水,使土壤相对含水量35%～40%为宜,也不能过涝。每次采收后,每667米² 施入硫酸铵15千克、磷酸二铵6千克。追肥于午后进行,先干撒,随后喷水,并反复喷冲植株叶片2～3次,以防烧伤植株叶片。

塑料大棚栽培苣荬菜,第一年夏秋季采收,第二年春季2月中下旬扣棚膜,春、夏、秋三季均可采收。

4. 塑料小拱棚反季节栽培技术 第一年在栽培畦上播种栽培苣荬菜,植株露地越冬,第二年3月份,在栽培畦上扣小拱棚,可以保证产品提早上市。先清理畦面,然后扣小拱棚升温,为促进植株提早萌发,可以在畦面上覆盖地膜。当10厘米地温稳定在5℃以上时植株即可萌发,并浇水施肥保证植株萌发所需的肥水条件。

当苣荬菜萌发后,撤掉地膜,根据植株生长状态浇水施肥,当植株达到商品成熟时及时采收上市。若外界温度过低,可以在小拱棚上覆盖草苫保温,之后随着外界温度的提高,要及时放风降温。

（四）采收与加工

1. 采收 苣荬菜高8～10厘米即可开始采收。可以掰取外叶数片,保留心叶。或者用小刀沿地表1厘米平行下刀,保留母根,割取嫩茎叶。采收后每250克或500克1捆,包装上市。

2. 加 工

（1）晒干菜 将鲜菜去杂、洗净,沸水烫一下,再用清水冲洗,除去苦味,捞出沥水,晒干或烘干,贮藏。食用前用热水泡开,炒食或炖肉。

(2)腌咸菜 将鲜菜洗净,在缸内按一层盐一层菜排放,并拌入有关佐料、封贮。10 天后可食。用前先用清水漂洗 1～2 小时。凉拌、做汤。

(3)制罐头 鲜菜去杂、洗净、整形,放入食盐、氯化钙、柠檬酸配成的预煮液中煮沸 2～3 分钟,清水漂洗 1～2 小时,去除苦味。鲜菜分级、整形、装罐,加入配好的汤汁,放入灭菌锅高温灭菌,冷却,贮藏。凉调、炒食、做汤均可。

(4)速冻 将鲜菜去杂、洗净、修整、分级,放入速冻机进行速冻,再置于冷库中贮藏。食用前用开水漂烫,再用清水洗 1～2 小时,除去苦味。

(五)病虫害防治

野外栽培苣荬菜较少有病虫害发生,保护地栽培时多发白粉病和霜霉病,其防治方法如下。

1. 白粉病 降低棚室内温湿度,增施磷、钾肥,提高植株自身抗性,及时清除病株;发病初期可喷施 15％三唑酮可湿性粉剂或 60％多菌灵盐酸盐可湿性粉剂 600 倍液。

2. 霜霉病 除采取相应的农业防治措施外,发病初期可喷施 50％甲基硫菌灵可湿性粉剂 800～1 000 倍液,或 58％甲霜·锰锌可湿性粉剂 500 倍液。

十四、蒲公英

（一）概　述

蒲公英（*Taraxacum mongolicum* Hand,-mazz)俗名婆婆丁、黄花地丁、黄花苗、奶汁草等，为菊科蒲公英属多年生草本植物。蒲公英叶可食，是一种得来较易且营养丰富的野生蔬菜。蒲公英不仅能增进食欲，而且对人体有清热解毒的功能。

1. 形态特征　蒲公英为多年生宿根性草本植物，全株含白色乳汁。根圆锥形，肉质直根系。株高10～25厘米，根生叶铺散，倒卵状披针形或线状披针形，先端尖，基部渐狭成柄，全缘或深浅不同的羽状分裂，表面光滑或具疏软毛。叶色深绿色，靠近根部叶柄发红。花茎数个出自叶丛，其上无叶，中空，微红或带绿色。2年生植株就能开花结籽，在生殖生长期植株中部会抽生花茎，花茎上密被白色蛛丝状毛。头状花序单一顶生，总苞2层，被绵毛；花全为舌状花，两性，黄色。瘦果倒披针形，先端有喙，顶生白色冠毛。开花后经13～15天种子即成熟。成熟的种子可以立刻播种，种子寿命较短，在常温贮存条件下为0.5～1.0年。种子黄褐色或黑褐色，细小，瘦果，千粒重为0.8～1.2克。

2. 生态习性与分布　蒲公英耐寒，生长适温为20℃～25℃，可耐-30℃低温，温度高于30℃对生长发育有抑制作用。喜光，耐旱，对土壤条件要求不严格，但在肥沃、湿润、疏松、有机质含量高的土壤上生长较好。

十四、蒲公英

蒲公英在全国各地均有野生分布,我国的东北、华北、华东、华中、西北、西南各地均有零星栽培。常生长于道旁、荒地、庭园等处,是一种生长适应性较强的野菜。

(二)种苗繁育

1. 播种育苗 成熟的蒲公英种子没有休眠期,当10厘米地温达到10℃以上时即可播种。蒲公英可直播,也可育苗移栽。直播一般采用条播。选用肥沃的沙壤土地。每667米² 施入腐熟优质农家肥2 000～3 000千克、过磷酸钙20千克。深翻25～30厘米,整细整平,做畦。畦宽1.2米,在畦内开浅沟,沟距25～30厘米,沟宽10厘米。浇足底水,水渗下后播种,将种子播在沟内,然后覆土,覆土厚0.5厘米。春播最好进行地膜覆盖,夏播雨水充足,可不覆盖。

2. 育苗栽培 先做育苗畦,浇水,水渗下后播种,把种子均匀地撒播在畦面上,每平方米用种量5克,覆土0.5厘米厚,然后覆盖薄膜。当大部分种子拱土后去掉薄膜,保持土壤湿润,并及时清除杂草。一般进行2次间苗,保证株行距5厘米×5厘米。一般苗期不进行施肥。

也可直接挖取野生蒲公英的根用于栽培。通常在10月份,当蒲公英地上部枯萎后挖根,然后栽培于保护地中,为提高产量可以适当密植,株行距10厘米×10厘米,定植后浇透水。

(三)栽培技术

1. 林下、荒坡地栽培技术

(1)选地与整地 蒲公英耐旱、耐涝,喜欢潮湿,干旱则产品质量差。极耐瘠薄,在大部分土壤中均可成活,但人工栽培应选用向阳、肥沃、可灌溉的沙壤稀疏杂木林地。播种前一年的秋季进行清林,清林的目的是将林下的杂草、灌木清除干净,以提高蒲公英的竞争优势。土地深翻 25～30 厘米,每公顷施有机肥 30～40 吨,整平耙细,做畦待播。

(2)播种与育苗　蒲公英在 4～9 月间均可播种。种子无休眠特性,且采收后活力下降较快,最好在 5 月下旬选用刚刚采收的新种播种。可直播,也可育苗移栽。直播一般采用条播,浇足底水后按行距 25～30 厘米开浅沟,每 667 米² 用种 500 克,播后耙平地面即可。育苗时需专用育苗畦,撒播用种 5 克/米²,覆土厚度不超过 0.5 厘米,7～15 天内出苗,及早清除杂草。

(3)定植　在幼苗出齐后,及时浇水,幼苗前期生长缓慢,要及时中耕除草。结合中耕除草分别进行 2～3 次间苗,最后一次按株行距 25 厘米×25 厘米定苗。

若采取育苗移栽方式,当苗高 10 厘米左右,幼苗具 4 片真叶以上时可以定植。株行距 25 厘米×25 厘米,定植后浇定植水,中耕除草。要始终保持土壤湿度。

(4)管理技术　在生长季节,要追肥 1～2 次,以速效氮肥为主。播种当年一般进行露地养根,不进行采收,保证早春植株新芽粗壮。在花期要掐除花茎,摘除黄叶、烂叶。当外界温度降低,地上部分枯黄后,应及时清理残株,在畦面上每 667 米² 撒施有机肥 2 500 千克,并在土壤封冻前浇水,保证植株正常过冬。翌春返青后可结合浇水施用稀粪水,促进植株尽快萌发。

2. 日光温室反季节栽培技术　采用新型方法生产蒲公英。即夏季播种育苗,2 片真叶分苗于营养钵,秋季于露地养根、积累营养,经几场霜冻后进入休眠,简易贮存,于冬季置于温室内进行生产,不但解决了蒲公英传统生产方法在温室内占地时间长的问题,而且可以分期分批将营养钵中养好根的蒲公英置于温室中,进行立体栽培和多茬次栽培。室温白天 25℃～30℃,夜间 18℃～

20℃,20 天即可采收;白天 20℃~25℃,夜间 14℃~15℃,25 天采收;白天 20℃左右,夜间 10℃左右,约 30 天采收。每平方米产量可达 4 千克左右,按 20 元/千克计,产值可达 80 元/米² 左右。

上述蒲公英新型生产方法的技术要点如下。

(1)适时播种育苗 6 月下旬播种育苗,可以用干籽直接播种。为了使蒲公英出苗快而整齐,也可提前 3 天用清水浸种 20~24 小时,再用清水投洗 2~3 遍,然后置于 20℃条件下催芽 2 天播种(催芽期间每天应搅动种子 3~4 次,以利出芽整齐,并用清水投洗 1 次)。若用 5 毫克/千克赤霉素液,或 1 000 毫克/千克硫脲液浸种 10~12 小时,再换清水浸种 10~12 小时,经投洗 2~3 遍后再催芽,会收到更好的效果。播种量 20~30 克/米²,可获子苗约 1.5 万株。床土为配制好的营养土,播前浇透底水,播后覆土要薄(刚把种子盖住即可),出苗前注意保湿(最好用无纺布覆盖)、防雨和遮阴降温。

(2)适时分苗 采用营养钵保护根系并养根,子苗达 2 片真叶时(约播后 25 天)分苗,也要用营养土,采用 8 厘米×8 厘米的营养钵,每钵移 1 株,弱小的子苗也可每钵移 2~3 株。

(3)配制营养土 营养土要求结构好(疏松、通气、透水)、肥力高,即 40%田土、40%腐熟马粪或草炭、10%优质粪肥、10%炉灰(混拌前均需过筛)、0.3%磷酸二铵。

(4)加强管理养好根 出苗前和分苗后根据土壤墒情适当浇水,并及时防除杂草。

(5)叶面喷硒 9 月中旬正是蒲公英旺盛生长时期,可用东北农业大学生态环境资源开发研究所生产的富硒康 0.1%倍液,进行叶面喷洒(1 次);冬季生产时,再于采收前 10 天喷洒 1 次,所得产品含硒量可由 19 微克/千克提高到 58 微克/千克,达到人体适宜的吸收范围(40~100 微克/千克),使产品的营养、保健价值大大提高。该项措施所需费用很少,大约处理每公顷植株只需 60

元,但收到的效益却十分突出。

(6)**休眠与简易贮存**　于10月下旬浇1次冻水(即晚上冻,白天化),这时蒲公英的根已由钵底的孔扎入放置地面的土中,需将钵移动一下,将扎入土中的根断开,促进植株逐渐进入休眠。11月份蒲公英的叶已枯萎,植株休眠后可就地覆盖草苫等物,贮存,已备冬季温室生产使用。

(7)**合理采收**　蒲公英充分长足时,顶芽已由叶芽变成了花芽,此后不会再长出新叶,若不及时采收,花薹很快便长出来,而影响产品的品质。采收的最佳时期是在植株充分长足,个别植株顶端可见到花蕾时。采收时先将植株连土坨顶以下2～3厘米处将主根切断,将土抖净即可。采收后腾出的地方还可放置新的,进行下茬蒲公英生产。

8厘米×8厘米的营养钵紧密放置,每平方米可放置230个左右,每钵平均产蒲公英18克左右,即产量为4千克/米² 左右。

3. 塑料大棚反季节栽培技术

(1)**整地和施基肥**　采取春季播种、秋季扣棚膜的方法进行塑料大棚反季节栽培具有较高的经济价值。选择土壤肥沃的沙壤土地块,应先深翻土壤25～30厘米,然后每平方米施入腐熟优质农家肥5～8千克、磷酸二氢钾30克作基肥,将土耙细、搂平,做宽1.2～1.5米、长10米的畦子,待定植母株。

(2)**育苗和分苗**　用30%马粪、30%陈炉灰、30%农田土、10%人粪配成营养土进行播种。种间距离1～2毫米,覆盖细土,以种子不外露为准,并覆盖地膜,放在高温、背风向阳处,4～5天出苗,行距8～10厘米,株距5～7厘米,一穴双株,边栽边浇水,扣小拱棚,3～5天完全成活后,逐渐撤掉小拱棚。

(3)**定植与管理**　土壤冻结前10～15天进行。定植前一天晚上在苗盘上浇1次透水,第二天早上再浇1次水,不散苗坨,成活率高,行距10～15厘米,株距5～8厘米,一穴双株。定植后,浇1

次缓苗水。可耐-30℃左右的严寒。

(4)采挖母株和定植　7月上旬至9月上旬采挖野生蒲公英母根。选挖叶片肥大、根系粗壮者,挖出后,保留主根与顶芽,作为种用。及时在畦内开沟定植,沟深7～8厘米,行距20～25厘米,株距10～12厘米,每畦定植母株6行,浇定植水,以缓苗养根。封冻前浇1次封冻水,并盖上草苫,等待越冬。

(5)塑料大棚栽培　大棚栽培蒲公英在当年秋末冬初盖棚,并进行浇水施肥,可以在冬季低温降临前采收1～2次。寒冬来临,可以在畦面覆盖马粪或麦秸,保温、保湿,并浇水促进早日萌发,当大棚内温度达到5℃以上,蒲公英即可正常生长,当温度超过25℃时要及时放风,当叶片达到10～15厘米大小时即可采收上市。

4. 塑料中棚反季节栽培技术　利用中棚进行蒲公英的软化栽培,产品器官脆嫩而且苦味较低,商品性极佳。

当年春季播种育苗,其栽培管理参考前述塑料大棚反季节栽培技术。越冬前可以进行覆盖,并浇防冻水,保证根系正常越冬。

翌年3月份扣膜升温,并浇缓苗水,在种子萌发后每次在栽培畦上覆盖约1厘米厚的细沙。待子叶长出沙面再行沙培,经2～3次后,叶片长出沙面5厘米时,即可连根挖出,经整理后上市。也可在栽培畦上扣小拱棚,上部覆盖黑色薄膜。温度控制在15℃～20℃,当叶片达到10～15厘米时,即可采收上市,采收时注意保护生长点,可以进行多次采收。

5. 塑料小拱棚反季节栽培技术　在3月上中旬,可以在第一年栽培的蒲公英上覆盖小拱棚,清理残株,当温度达到5℃以上时即可以浇水,促进新芽萌发。还可以在栽培畦上覆盖地膜。

蒲公英生长适宜温度为20℃～25℃,温度超过25℃要及时放风。当外界温度稳定在15℃以上时,可以昼夜通风。出苗10天左右要加强肥水管理,生长期追肥1～2次,每667米² 追施尿素10～15千克。这个时期注意中耕除草,保持田间无杂草,以免影响蒲公英的产量和品质。当植株达到商品成熟时即可采收上市。

（四）采收与加工

1. 采收　作为苗菜，当年种植的蒲公英，一般不采收，以利其翌年生长发育。种植第二年后，可陆续采收，可采摘其幼苗包装出售。普通蒲公英（指各种野生种）有 7～8 片真叶，植株达到 15 厘米以上时，多倍体蒲公英叶片长到 35 厘米左右时，可选择天气晴好、无露水时，在生长点 3 厘米以上处用刀整簇割下，摘取嫩茎叶（去掉枯老叶），以提高商品菜价值。露地栽培的，一年采收 3 茬左右；棚室栽培的，一年可采收 4～5 次。

2. 加工

（1）晒干菜　将幼苗去杂、洗净，用沸水焯一下，放入清水中泡 2 小时，除去苦味，捞出沥水，晒干，贮藏。用时以热水浸泡，炒食、做汤。

（2）腌咸菜　将嫩苗去杂、洗净，晒至半干，加 20％食盐及花椒等佐料揉搓，搅匀，入坛封藏。10 天后即可食用。

（3）制罐头　将鲜品洗净，放入配好的预煮液中预煮 1～3 分钟，清水洗净，分级装入罐内，加入汤汁及调料，排气、封罐、杀菌、冷却、贮藏备用。

（4）速冻　将嫩苗洗净，放入速冻机内处理，然后置于冷库中贮存，用时取出。通过速冻的蒲公英色、香、味及营养价值不变，可炒食、做汤、凉拌。

（五）病虫害防治

蒲公英抗病抗虫能力很强，很少发生病虫害。常见病虫害主要有霜霉病、根腐病和蚜虫等，其防治方法如下。

十四、蒲公英

1. 霜霉病 用 72％霜脲·锰锌可湿性粉剂 800 倍液,或 25％百菌清可湿性粉剂 500 倍液喷雾。

2. 根腐病 主要危害根茎部。发病初期病部呈褐色至黑褐色,逐渐腐烂,后期地上部叶片发黄或枝条萎缩死亡。发现病株及时挖除,并在病穴施入石灰消毒。发病初期喷淋 50％甲基硫菌灵可湿性粉剂 600 倍液,或 45％代森铵水剂 500 倍液,或 20％甲基立枯磷乳油 1 000 倍液,每隔 7 天喷 1 次,喷洒 2～3 次。

3. 蚜虫 常用药剂有 50％抗蚜威可湿性粉剂 2 000～3 000 倍液,也可用 10％烟碱乳油 500～1 000 倍液。

十五、杏参

(一)概　述

杏参(*Adenophora trachelioides* Maxim.)又名荠苨,俗名杏参、地参、杏叶沙参、白面根、甜桔梗、土桔梗、空沙参、梅参、长叶沙参等,为桔梗科沙参属多年生草本植物。杏参口味香甜浓郁,回味无穷,且具有较高的营养价值和保健价值,市场供不应求,极具开发潜力。

1. 形态特征　杏参为多年生草本植物,植株高 40～120 厘米。根为直根系,圆柱形,较肥大,比较长;全株光滑而无毛;茎单生,几乎很少分支,但呈之字形曲折,折断后流出白色乳汁。叶分为基生叶和茎生叶,基生叶心脏肾形,宽超过长;茎生叶互生,有较长的叶柄,2～6 厘米长;叶片心状广卵形或心状卵形,边缘单锯齿或者重锯齿。花序分枝长而几乎平展,组成大圆锥花序,或者分枝短而组成狭圆锥花序;花萼筒部倒三角状锥形,5 裂,裂片长椭圆形或者披针形;花冠钟状,蓝色、蓝紫色或者白色,5 裂,裂片宽三角状半圆形;花盘筒状,上下等粗或者向上渐细;花柱与花冠近等长。蒴果卵状圆锥形。植物花期 7～9 月份,用种子繁殖。

2. 生态习性与分布　在原产地,多分布在山坡草丛中,比较喜欢光照,耐半阳,耐寒耐旱,对土质要求不高,但由于根部生长的需要,适宜栽培在土壤疏松肥沃、土层深厚的地块。野生杏参分布于河南、陕西、安徽、浙江、江西、湖南、湖北、四川、贵州、广西等地。

（二）种苗繁育

　　杏参多采用种子繁殖法，这是因为其主根又直又长，分根繁殖成活率较低，并且操作起来较难，所以不宜分株繁殖。播种时间可采取春播（2～3月份）或秋播（10月中旬至11月下旬）2种，多数地区宜采取春播。

　　1. 整地做畦　杏参的适应性广、抗逆性强，播种时对土壤和栽培制度要求不严，但以土层深厚、质地疏松、微酸或微碱性沙质壤土、壤土、紫色土为宜。为了降低田间病虫害的发生概率，尽可能避免与同科作物重茬栽培，前作以禾本科、豆科作物为好。先清除田间残株、枯枝杂草，深翻土壤，精细整地，结合整地可施入优质腐熟农家肥。耕翻深度为20～25厘米，做成宽1.5～2.0米的平畦，畦埂高15厘米，畦面应平整无大泥块，使地膜覆盖时能紧贴土面。整地施肥必须在播种前7～15天内完成，如果温度过低，还应提前扣地膜或用其他方法来提高地温。

　　2. 栽培密度　杏参一般采用条播的方法，每畦播10～15条，沟距10～15厘米。具体做法：在做好的畦上用尖锄开沟，沟深3～4厘米，沟底要平，无石块和大的土块，然后进行播种。如果土壤墒情较差，要浇水造底墒，每667米² 播种量为4.5千克左右。播种后盖严踏实，先盖1厘米细土，踩实后再盖1厘米细沙，最后扣地膜进行保温保湿。

　　3. 苗期管理　杏参幼苗出土前，土壤温度维持在8℃以上，种子萌发适宜温度为15℃～18℃。出土后需有良好的墒情作保证，保持土壤湿润。生长发育适温15℃～25℃，温度低于10℃生长发育不良，高于25℃时，茎叶生长过旺，不利于根系的生长。

(三)栽培技术

1. 林下、荒坡地栽培技术

(1)选地与茬口 杏参虽然对土壤的要求不高,但是为了提高杏参的品质,尤其以根作为产品进行栽培,还是应选择土层深厚、富含有机质的微酸性轻壤、中壤、棕壤土种植。前茬作物以烤烟、洋芋、芋头为好,其次是玉米,切忌重茬。

(2)整地与施肥 杏参是直根系植物,有的根长可达 1 米,以根作为主要产品进行栽培,就要保证其品质优良。所以,要求土层要深,整地要细透 50 厘米以上。同时,在深翻土地前每 667 米^2 施入土杂肥 5 000 千克、三元复合肥 50 千克、磷酸二铵 30 千克,整平耙细,去掉大的土块、石块。做成宽 1.8 米、长 7 米、高 20~25 厘米的畦,有条件的应铺上地膜,准备定植。这样种植出来的杏参质地比较白,淀粉含量较高,光滑,黄梢少甚至没有,肉厚,参根干重高。

(3)定植 选择最佳的定植时间,根据天气情况,选择晴朗无风的清晨或傍晚,当幼苗出现第一片真叶时即可移栽,株行距均为 10~15 厘米。或者不进行移栽,而是出现第一片真叶时进行间苗,3~5 片真叶时定苗,株行距均为 10~15 厘米,每 667 米^2 留苗 14 万~16 万株。

(4)中耕保墒 在栽培中随时除草,防止杏参因营养竞争而生长不良。但应注意杏参栽培密度较大,行距小,且茎叶较嫩、容易折断,所以中耕时应加倍小心,不宜用锄中耕。早春气温回升后,有时地面板结,应松土保墒。杏参抗旱能力强,土壤相对含水量以 65% 为宜,但不宜过度控水,防止植株早衰。早春干旱时,注意补水促苗,以喷灌或泼浇为好。使土壤上干下湿,促根下扎伸长。多雨季节要防涝,及时排出过多的雨水,防止根部腐烂。

(5)追肥 结合雨前雨后或浇水进行,每 667 米² 施 15～20 千克尿素作提苗肥,一般分 2 次追施,分别于定苗后和旺长前施用。后期就不再追肥,只分别在旺长中、后期和花蕾期,用 0.2％磷酸二氢钾溶液叶面喷施,根外追肥 3～4 次。

2. 冬季日光温室反季节栽培技术 冬季日光温室反季节栽培杏参主要以食用嫩苗为主,因此栽培中主要是培育优质的茎叶和嫩梢。栽培季节为每年的 9 月份到第二年的 7、8 月份,这一时间段内栽培条件较差,难度较大,需要的栽培技术也高。

(1)整地做畦 将温室内的上茬作物残枝剩叶清理干净,然后深翻细耙,土面平整,无大的土块。在耕翻的同时,一般每 667 米² 施充分腐熟优质农家肥 3 000～5 000 千克、磷酸二铵 20～25 千克、硫酸钾 10～15 千克或三元复合肥 40～50 千克。然后做成宽1.5 米左右的平畦,在畦内按 18～20 厘米行距开沟。

(2)播种 每 667 米² 的用种量为 4.5 千克左右。将种子进行简单的选择,去掉瘪劣种子、沙子、石块等杂质。将播种沟灌足底水,等水渗下后顺沟进行撒种,种子要撒匀。如果感觉撒得不均,可事先按 3∶1 的比例拌入细沙中,再进行播种。播种后,上覆细土 1～1.5 厘米厚。

(3)田间管理 冬季反季节栽培杏参,要适时扣棚膜。一般来说,元旦到春节前后上市效益最好。所以,扣膜时间不宜过早,一般在 10 月中下旬即可。播种后控制温室内的温度 20℃～25℃。进入 11 月份以后,外界温度逐渐降低,光照减弱,应通过放风等措施合理地调节温度。一般在出苗后,白天保持在 15℃～25℃,夜间 10℃。当第一片真叶展开时(2 叶 1 心)进行第一次间苗,苗距2～3 厘米;4 叶 1 心时进行第二次间苗(定苗),苗距 10～12 厘米。定苗后,在生长期间浇水 3～4 次,浇水宜选晴天上午进行,浇水后加强通风,以降低湿度防止病害的发生。特别应该注意的是,进入12 月中下旬以后,温度过低,浇水时一定不能盲目。要看天、看秧、看地温,并注意收听天气预报,做到浇水后有 3～5 天晴朗天气,并及时放风排湿,防止因浇水过多而导致腐烂病的发生。收获前 15 天左右追 1 次肥,每 667 米^2 施尿素 15 千克或硫酸铵 15 千克。加强中耕除草,防止土壤板结。为了提高产量和品质,可同时使用丰收素等叶面肥。使用丰收素按每 8 毫升对水 1 升喷施叶面,每隔 10 天喷 1 次,一般喷 2～3 次,采收前 1 周停止使用。

3. 塑料大中棚反季节栽培技术

(1)整地施肥 为了获得高产,栽培时要施足基肥。一般每667 米^2 施腐熟有机肥 1 500～2 000 千克、草木灰 100 千克,充分与土壤混匀,做成高 20 厘米、宽 150～180 厘米的畦。为了使商品分批上市,可每隔 7～10 天播种一批杏参。

(2)田间管理 春季外界温度较低,而塑料大中棚的增温保温的能力有限,所以春季保温是优质高产栽培的关键。为了提高地温,促进杏参良好生长,在播种前 1 个月要提前将塑料薄膜扣好进行烤地升温,有条件的最好同时扣好地膜。3～4 月份,白天减少通风次数,当寒流来袭时,夜间塑料大棚要围草苫保温。进入 4 月中旬以后,逐渐加大通风次数和时间,以防高温伤苗。进入 5 月份后,外界温度稳定在 8℃以上,可昼夜通风。

从 6 月份以后杏参进入越夏栽培阶段,遮阳避雨是此时栽培良好的关键。一般在膜上覆盖遮阳网或喷泥浆,以达到遮阳避雨的目的。大棚四周最好安装 0.45 毫米孔径的防虫网(因夏季昆虫较多),既通风又防虫。但注意,喷泥浆遮阳,遇雨后要及时重喷。

(3)肥水管理 在生长期间随水冲施 1～2 次速效氮肥,根据杏参的生长量追肥要前少后多。后期追施硝酸钾复合肥 25 千克。在浇水上应注意遇旱浇水,浇水后及时中耕,雨后排水防涝。

4. 塑料小拱棚反季节栽培技术 为了提早上市,小拱棚栽培杏参一般都要进行育苗栽培。一般在土壤化冻 15 厘米时为定植适期,又因各地气候条件不同,故须按当地适宜定植期向前推算

30 天左右,即为适宜的播种期。其幼苗苗龄以 30 天为宜。

为了提高秧苗的成活率,必须在定植前 10~15 天进行炼苗,目的是增强幼苗抗寒能力,提高适应能力,定植后缓苗快。一般做法为:停止灌水,加大放风量,逐渐降低夜温,最低时降至 2℃ 左右。

沈阳地区定植时间一般为 3 月上中旬,以露地土壤化冻 15 厘米时为宜。定植前每 667 米² 施腐熟优质农家肥 3 000 千克,耙细整平,做成宽 1.5 米、长 6~10 米的畦。同时准备好竹片和塑料薄膜。

当幼苗长到 4 片真叶时,大约是播种后 30 天,即可选择合适的天气进行定植。一般行距 10 厘米,株距 10 厘米,每 667 米² 保苗 12 万株左右。栽苗时保证植株入土深度,栽后灌足水,插小拱棚骨架,扣上塑料薄膜,四周用土压严踩实。

定植初期要密闭保温,一般不放风。中午棚内温度较高,但因棚内湿度大,水分足,不致产生高温危害,反而可促进缓苗。如心叶变绿,表示杏参已缓苗。此时温度应控制在 15℃~20℃,若白天温度超过 20℃ 时要及时放风。定植后 1 个月,要选无风的晴天,揭开棚膜大放风,夜间无寒潮时拱棚上的薄膜开口放风。终霜期过后,于阴雨天或在早晨或在傍晚撤掉小拱棚。定植时浇 1 次透水,定植后浇 1 次缓苗水,以促进缓苗。经常保持畦面湿润,缓苗后选无风天进行中耕除草,促进发根。开始迅速生长时,生长速度加快,此时要加强肥水管理。追肥要将薄膜揭开加大放风,叶片上露水散去后,每 667 米² 施 25 千克左右尿素,随即浇 1 次水。以后每隔 6 天浇 1 次水,保持畦面潮湿。

根据杏参的生长情况和市场需求,陆续收获嫩苗。

（四）采收与加工

1. 采收 杏参于移栽当年即可采收嫩苗食用,一般可根据植株长势,随时采收,一般采收 3～4 次,随着栽培年限的增加,可适当增大采收量。若采收根,则在移栽 2 年后采收。在秋冬季 10～11 月份,地上茎叶枯萎后,顺行依次挖取全根,抖去泥沙,除掉枯残茎叶及须根。然后置于清水中,用竹刀或碗片刮去外层栓皮,随即晒干或用文火烘干即成商品。合格品干燥,无外层栓皮,没有须根,无霉变,无斑点,没有虫蛀的痕迹。颜色黄白,根条粗而长者为优等品。

2. 加工

(1)晒干菜 将采收的幼苗用清水洗净,沸水漂烫 1～2 分钟,捞出沥水,晒干,置于干燥处贮藏。食用前用热水泡开,炒食、做汤,尤以炖肉食为佳。

(2)腌咸菜 将幼苗洗净,沸水漂烫 1～2 分钟,加入 15%(鲜菜重)食盐及花椒等佐料,放入缸内拌匀,10 天后即可食用,凉拌、炒食均可。

（五）病虫害防治

杏参在栽培中尚未发现病虫害发生。

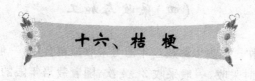

十六、桔　梗

（一）概　述

桔梗［*Platycodon grandiflorum*（Jacq.）A. DC.］俗名明叶菜、直脖菜、梗草、苦梗、白桔梗、和尚头、四叶菜、道拉基等，为桔梗科桔梗属多年生草本植物。桔梗是一种食、药兼用野生蔬菜。

1. 形态特征　桔梗属多年生草本植物，高 40～120 厘米，有白色乳汁。根胡萝卜形，长达 20 厘米，皮黄褐色。茎直立，通常不分枝。叶 3 枚轮生，对生或上部互生，列柄或有短柄，无毛；叶片卵形或披针形，长 2～7 厘米，宽 0.5～3.2 厘米，先端锐尖，基部宽楔形，边缘有尖锯齿，背面被白粉。花一至数朵生茎或分枝顶端；花萼无毛，有白粉，裂片 5 个，三角形，长 2～8 毫米；花冠蓝紫色，宽钟状，直径 4～6.5 厘米，无毛，5 浅裂；雄蕊 5 个，花丝基部变宽，内面有短柔毛；子房下位，柱头 5 裂。蒴果倒卵圆形，顶部 5 瓣裂。花期 7～8 月份，果熟期 8～9 月份。种子卵形，细小，黑褐色或棕褐色，千粒重 0.93～1.49 克，使用寿命 1～2 年。

2. 生态习性与分布　桔梗耐寒性较强，在我国北方大部分地区可露地越冬，植株适宜生长的温度 10℃～20℃，最适生长温度 20℃，能忍受－20℃低温。喜光照充足的环境条件，耐旱能力较差，喜潮湿的土壤和空气条件，但土壤长时间处于水渍条件下易引起根部腐烂和病害发生，在栽培时应选择排灌便利的地块，并以土层深厚、肥沃、疏松的壤土栽培为宜，适宜土壤 pH 值 6.5～7.0。

桔梗原产于亚洲,适应性较强,在中国、朝鲜、日本及俄罗斯西伯利亚地区均有分布。我国南北各省桔梗均有野生分布,在我国桔梗主要的四大产区为:安徽太和、内蒙古赤峰、山东淄博和安徽亳州。

(二)种苗繁育

桔梗生产上多采用直播方式,可采取春播、夏播、秋播和冬播。北方春季播种可在 5 月中旬左右,当 10 厘米地温达到 15℃以上时即可,夏季应在 7 月下旬之前播种,秋播于 10 月下旬进行,冬播在 11 月上旬播种。

要严格选用当年采收的粒大饱满的新种子进行播种,新种子发芽率高,秧苗健壮,隔年种子发芽率低甚至不发芽,栽培时要尽量选用新种子。每 667 米^2 用种量 1.0~1.5 千克。

播种前可用温水浸种 24 小时有利于发芽,或用 0.3%高锰酸钾液浸种 12 小时,可提高发芽率。一般采取条播方式,按行距 10~25 厘米开浅沟,沟深 5 厘米左右,宽 8 厘米,先打底水,水渗下后进行播种。种子浸种后播种容易成团,为保证播种均匀,可将种子和细沙按 1:15 混拌均匀后播,覆土厚度为 1~1.5 厘米。在高温季节播种后注意保湿遮阳,在温度适宜、土壤墒情较好的情况下,10 天左右即可出苗。

桔梗育苗移栽易导致根系出现杈根,对于在采收嫩茎叶的基础上还需要收获根系的生产,若必须采取育苗移栽方式,尽量在小苗期进行移栽,并且要注意不损伤根系。先根据需苗量制作苗床,要求床面平整,没有土块。按行距 10 厘米开横沟,深 1~1.5 厘米,将处理好的种子均匀地撒在沟内,覆土 0.5~0.7 厘米,稍加压实,上面盖稻草或树叶,然后浇水、间苗,使苗间距保持 3~4 厘米。当年 8~9 月份出现花蕾时要及时摘除,第二年春季移栽到大田。

苗前期生长缓慢,要及时清除杂草。齐苗后和开花前后再进行 3～4 次中耕,由浅逐次加深,注意不要损伤根系。幼苗高 3 厘米左右时进行第一次间苗,当幼苗高 6 厘米时,按株距 10 厘米定苗。

（三）栽培技术

1. 林下、荒坡地栽培技术

(1)选地与整地　桔梗喜湿润凉爽的气候,对温度要求不严,既能在严寒的北方安全越冬,又能在高温的南方生长。桔梗是喜阳植物,在荫蔽的环境条件下,植株生长细弱,发育不良,易倒伏和徒长。种子萌发怕旱,成株忌涝,怕风害。桔梗根系肥大,喜肥。

根据上述特征,平地经济林树木定植后 1～3 年,在行距 2 米以上的林间套种桔梗,将桔梗种植在阴坡疏林或林缘的柞木林下,选择土层深厚、肥沃、疏松、排水良好的壤土或沙壤土栽植。含沙量大、保水保肥性能差、过黏、易板结、通透性差的土壤均不宜选用。要求土壤 pH 值为 6.5～7,盐碱地、白浆土不宜栽种。前茬作物以豆科、禾本科作物为宜。

在前茬作物收获后深耕 25～30 厘米,结合耕翻每公顷施腐熟厩肥 7.5 万～10 万千克,耕细整平。桔梗少分枝,营养面积较小,宜畦作。耕翻耙细后即可做畦,畦宽 120～150 厘米,地势较低的地块可做成 15～20 厘米高的高畦,地势较高的地块可做成平畦,长度视地势而定,以利于排水、方便作业为准。畦面要平,畦土要细。也可采用垄作宽幅条播。

(2)育苗移栽　春秋两季均可进行,分条播和撒播 2 种。一般多采用条播,便于田间管理。

①条播　在整理好的畦土上按 5～10 厘米行距开沟,沟深 1～1.5 厘米,将种子均匀播入沟内,播幅 10 厘米,覆土厚 1 厘米。

②撒播 播种前将畦面浇透水,待水渗下后,将种子均匀撒播于畦面上,然后用筛覆土厚 1 厘米即可。

条播或撒播后均需稍加镇压,使种子与土壤紧密结合。播后畦面均可覆盖厚 1 厘米稻草,以保持土壤湿润。播种量每公顷为 20～30 千克。

播种后至幼苗期要加强管理,出苗后要撤除覆盖的稻草。苗高 5～7 厘米时,结合除草间掉过密苗,苗高达 10 厘米左右时,按株距 3～5 厘米定苗。幼苗生长 1 年后即可移栽。

③移栽 春秋两季均可移栽。春栽时间为 3 月下旬至 5 月上旬,秋栽于地上部枯萎至结冻前进行。

移栽时选择根头完整、健壮、无病虫害、无机械损伤的根作种栽,按大小一致分别栽植。畦栽,首先留出 10～20 厘米的畦头,按 20～25 厘米行距横畦或顺畦开沟,沟深根据根的长度而定,在沟内按 10 厘米左右株距将桔梗栽子斜向摆好,然后覆土 4～5 厘米厚,稍加镇压即可。摆栽时,根头要在同一水平线上,这样出苗才能整齐一致。春栽 20 天左右即可出苗。

(3)管理技术

①间苗与定苗 采用直播栽培的,当苗高 5～7 厘米时间苗,主要间掉过密苗和弱苗,培育壮苗。当苗高达 10 厘米左右时定苗。垄作时,在播幅内按株距 7～10 厘米定苗;畦作,按行距 20 厘米,株距 7～10 厘米定苗。定苗时若有缺苗可进行补苗,补苗应浇水,以确保成活。

②中耕除草 桔梗前期生长缓慢,易滋生杂草,必须及时除草,防止草荒。结合除草进行中耕培土。每个生育期可进行松土除草 3～4 次。

③追肥 桔梗系喜肥植物,生长期应追肥 2 次。第一次追肥于第一次除草后进行,每公顷追施腐熟人粪尿 15 万千克,或追施尿素 150 千克;第二次追肥于开花前进行,每公顷追施腐熟稀人畜

粪水 15 万千克或过磷酸钙 300 千克。化肥可在行间开沟施入，也可对水浇灌。有粪源的，秋季地上部枯萎后再施一层盖头粪，以利于翌年苗期生长。盖头粪以猪粪、鹿粪、牛羊马粪为好，厚度为3～5 厘米。

④水分管理　桔梗播种后和苗期，应保持土壤湿润，以利于出苗和苗期生长。桔梗形成抗旱能力后，一般不需要浇水，但特别干旱时，也应浇水保苗。

桔梗怕涝，怕积水，土壤湿度过大，主根容易分叉，形成水眼，影响商品质量。所以，桔梗生长后期要注意排涝。

⑤除花　桔梗花期较长，花果发育时消耗大量营养物质，非留种田应除去花果，以减少对养分的消耗，使更多的同化物质贮藏于根部，才能达到高产的目的。目前，生产上多采用人工摘蕾，不但费时费工，而且顶端花蕾摘掉后，迅速萌生侧枝，又形成新的花蕾。故人工摘蕾需多次进行。据杭州植物园试验，在盛花期每公顷喷施 1 000 毫克/千克 40% 乙烯利溶液 1 000～1 500 升，疏花效果显著，产量较不喷药的增加 45%。

⑥疏花打顶　留种植株要打顶，于苗高 10～12 厘米时，摘除顶芽，以利于多萌发侧枝，促进多花多果。在北方，后期开的花常因气温下降种子不能成熟，可在 9 月上旬疏掉不能成熟的花和蕾，以促使种子饱满，提高种子质量。

⑦采种　9～10 月份，蒴果变黄时带果柄摘下，放于通风干燥的室内后熟 2～3 天，然后晒干脱粒。桔梗种子必须及时采收，否则果实开裂种子散落，造成损失。

2. 日光温室反季节栽培技术　春季利用露地栽培桔梗，在秋季把根移栽到日光温室，在适宜的温光条件下，以生产桔梗嫩茎叶为栽培目的越来越受到人们的关注。

(1)播种育苗　在 5 月中上旬进行露地播种，选择土层深厚、疏松的壤土条件，每 667 米² 施用充分腐熟有机肥 1 500～3 000 千克,深翻细耙,做成宽 1.2 米、长 10 米的平畦。在畦面上按行距 10 厘米开沟播种。

(2)定植 秋季当桔梗地上部植株萎蔫时,标志地上部营养转移结束,应及时采收根系。可以先清除地上部残株后挖出桔梗根,操作时动作要仔细,避免根系受伤。采收后若不立即定植,可以把根系码好,空隙用细沙填补,并保持沙子湿润,在 5℃ 以下条件保存。

温室内按南北向做小高畦,畦面宽 1.5 米,长度按温室南北向而定。畦面上按行距 10 厘米开沟,沟深按根长短而定,把桔梗根按株距 10 厘米码好,浇透水,上面覆土 3～5 厘米,覆盖地膜可以促进植株早萌发。

(3)田间管理 定植后闷棚升温,促进植株尽快萌发。当萌芽后,及时撤掉地膜。温度保持在 20℃～25℃,并给予充足光照,防止植株徒长。当植株长到 8～15 厘米时即可进行采收。采收后 2 天,当植株伤口愈合后可以进行浇水施肥,一般随水追施尿素 15～20 千克,25～35 天可以采收 1 次。采收 5～8 次后,植株根内贮藏的养分耗尽,需要更换新根进行栽培。

3. 塑料大棚反季节栽培技术 利用大棚在早春生产桔梗嫩茎叶也是一种较好的栽培模式。在 2 月底覆盖棚膜升温,当地温达到 5℃ 以上时,可以在棚内做高畦,把桔梗根按行距 10 厘米、株距 10 厘米定植,定植后覆盖地膜提高地温,有条件的可以覆盖 2 层薄膜提高温度。由于前期温度较低,定植时要控制浇水量。当幼芽萌发后,要破开地膜引苗。幼苗出土后要控制浇水量,若植株缺水,可以在晴天上午结合施肥浇水,一般每 667 米^2 施用尿素 15 千克。栽培后期,随着外界温度的升高,要及时防风降温,保证大棚内温度不高于 30℃。当外界温度达到 10℃ 以上时可以昼夜通风。根据植株的生长状态及时采收,可以连续采收 3～4 次。

（四）采收与加工

1. 收获 以采收嫩茎叶为目的的栽培,当植株嫩芽萌发后,植株高度达到8～12厘米即可采收上市。利用小刀贴地面收割。茎叶采收后除去黄叶、烂叶,按大小分级,捆成250克或500克小把即可。以采收根为目的的菜用桔梗,一般在秋季9～10月份,当叶片变黄时即可采收。用镐头顺着垄的方向进行采收,尽量避免损伤植株根系,以免影响品质。根采收后立即刮去外皮,若外皮萎蔫,其根皮难以除干净。刮好后,洗净晒干,除去芦头,晒干贮藏备用。

2. 加工 加工方式主要有药用桔梗和食用桔梗2种。

（1）**药用桔梗** 栽培2～3年即可收获。桔梗的采挖时间宜在秋季。将挖出的桔梗去掉须根及小侧根,用清水洗净泥土,用竹刀或瓷碗片趁鲜刮去外皮,鲜根用水浸泡4小时,捞出,置于铁丝网上,在通风干燥处晾晒,即成白桔梗,达到商品标准。如遇雨天,要及时遮盖。如被雨水淋后,成品颜色不白,影响质量。每公顷可产鲜桔梗6 000～7 500千克,鲜干比4～4.5∶1。

药用桔梗以根体坚实、头部直径0.5厘米以上、长度不低于7厘米、表皮白色或黄白色、无须根和杂质、无虫和霉变为合格,以根条肥大、色白、体实、味苦者为佳。

（2）**食用桔梗** 主要用作我国朝鲜族的特殊咸菜。在东北三省深受人们欢迎,并已在国内流行,因此可将桔梗加工成朝鲜桔梗菜,供应市场。桔梗根营养丰富,含糖61.2%,每100克根含维生素 B_2 0.4毫克、维生素C 10毫克。此外,还含有皂苷、葡萄糖、桔梗聚糖等物质。

桔梗咸菜的加工方法如下:将新鲜桔梗去杂洗净,放在清水中浸泡1天,捞出后捶打,撕成细丝或用竹签挑成细丝,挤去30%左右的水分,放在缸内,加盐腌渍 3～5 天,然后加入适量白糖、辣椒末、味精,即可食用或作商品出售。

（五）病虫害防治

桔梗在栽培过程中,会发生一些病虫害。

1. 根腐病 危害根部,受害植株全株枯萎死亡。土壤含水量高易发病。防治方法:一是在较低洼地块或多雨地区应做高畦或垄作,注意排水。二是整地时,每公顷用 25％多菌灵可湿性粉剂 75 千克进行土壤消毒。另外,发现病株要及时拔除,并用生石灰对病穴进行消毒。

2. 轮纹病 主要危害叶片,受害植株叶片产生褐色具同心轮纹的近圆形病斑。防治方法:秋季清理田间,减少病源;发病初期,可用 25％多菌灵可湿性粉剂 500 倍液喷雾防治,每 7～10 天喷 1 次,连续喷 2～3 次。

3. 斑枯病 7～8 月份为发病期,此病主要危害叶部,受害叶片上形成黄白色或紫褐色斑点,严重时全部叶片干枯脱落,高温、高湿时还会发生霉烂。防治方法:及时清除植株残体并烧掉;展叶后喷 1∶1∶120 波尔多液,或 65％代森锌可湿性粉剂 500 倍液,7～10 天喷施 1 次,连续喷 3～4 次。

4. 根腐病 发病期在 7～8 月份,发病初期叶面有褐斑,茎部变褐,以后根尖、幼根变黑腐烂,主根变成锈黄色腐烂后变黑,植株死亡。菌丝或分生孢子在土壤内越冬。排水不良或低洼积水地易发生此病。防治方法:发病后用 5％石灰水或 50％肿·锌·福美双 600 倍液泼浇病区土壤。

5. 枯萎病 发病初期近地的根头部和茎基部变褐色呈干腐状,病菌沿导管向上扩展,使全株枯萎。防治方法:加强田间管理,雨后注意排水,发现病株及时拔除,并用 50％多菌灵可湿性粉

800～1 000 倍液,或 50％甲基硫菌灵可湿性粉剂 1 000 倍液喷洒茎基部。

6. 虫 害

(1)拟地甲 危害桔梗根部。防治方法:可在 3～4 月份成虫交尾期和 5～6 月份幼虫期,用 90％敌百虫原药 800 倍液,或 50％辛硫磷乳油 1 000 倍液喷杀。成虫发生期可用 50％敌敌畏乳油 500～1 000 倍液,或 40％乐果乳油 1 000 倍液防治。

(2)红蜘蛛和蚜虫 在干旱季节易生红蜘蛛和蚜虫,可用 40％乐果乳油 2 000 倍液喷洒。

(3)线虫病 主要危害植株根部,发病初期根部长有瘤状突起,影响植株根系吸收水分养分,导致植株矮小,严重影响产量。防治方法:在栽培前用生石灰进行土壤消毒,可以起到一定防治效果。

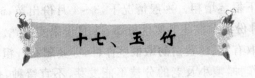

十七、玉　竹

（一）概　述

玉竹 [*Polygonatum odoratum*（mill.）Druce] 俗名尾参、铃铛菜、玉参等，为百合科黄精属多年生草本植物。其嫩苗和根茎为食用部位，是一种极具开发利用价值的山野菜珍品。

1. 形态特征　玉竹为多年生草本植物，株高 30～60 厘米。根茎横生，呈压扁状，圆柱形，肉质黄白色，密生多数须根。单叶互生，叶柄短或几乎无柄；叶面绿色，下面灰色，叶片长椭圆形，先端钝尖，基部楔形，全缘。花腋生，通常 1～3 朵簇生；花梗俯垂，花被筒状，白色，先端裂为 6 片，雄蕊 6 枚，子房上位 3 室。浆果球形，熟时紫黑色。种子卵圆形，直径 3～4 毫米，黄褐色，无光泽，千粒重 36 克左右。

2. 生态习性与分布　耐寒，亦耐阴，喜潮湿环境，对土壤和肥水要求不严，适宜生长于含腐殖质丰富的疏松土壤。野生玉竹多分布于林下、灌木丛中、山地草甸等，海拔 600 米以上的向阳山坡地生长较好。原产于我国西南地区，野生分布很广，但以北方地区为主。

（二）种苗繁育

玉竹栽培主要采用无性繁殖的方法，以根茎作为繁殖器官。

根茎发芽适温 10℃～15℃,现蕾开花适温 18℃～22℃,19℃～25℃时地下根茎增粗。一般情况下,3～4 月份出苗,5～6 月份开花,7～8 月份地下根茎迅速生长,8～9 月份果实成熟。处暑后,结合秋收选取有芽、色黄白的嫩根茎作种,芽要肥壮。粗壮的当年生分枝适宜作种,瘦小及老的分枝不能发芽,不宜留种,也不宜用主茎留种。一般是随挖、随选、随种,采收下来的种茎存放时间过长,会造成根系发育不良,从而影响产量。播种时选须根多的嫩根茎,截成 3～7 厘米小段,每段有 2～3 个节,在地上穴植或沟植。

(三)栽培技术

1. 林下、荒坡地栽培技术 玉竹栽培虽然对土壤要求不是十分严格,但太黏重、排水不良、湿度过大的地方及地势高燥的地方不宜种植,宜选土层深厚、肥沃、排水良好、微酸性沙质壤土栽培,生、熟荒山坡也可种植。忌连作,如在退耕还林地种植,前茬以豆科及禾本科的作物为好。

栽种前进行整地,每 667 米^2 栽培畦重施腐熟农家肥或土杂肥 2 500 千克左右,用旋耕机将土地翻 1 遍。如果土壤肥力不好,还可施入三元复合肥 30～50 千克。施足基肥的玉竹地下根茎发达,产量高。一般在 9 月份栽种,定植密度为行距 28～30 厘米,株距 10～13 厘米。首先是开沟,沟深约 18 厘米。栽种种茎的方法是把种茎按"八"字形摆在沟内,芽尾位置在"八"字头部,芽头位置在"八"字尾部,然后盖土并稍压紧使与畦面平。玉竹亦可进行穴栽,穴栽密度为行距 30 厘米,株距 10 厘米,每穴平放种茎 1 条,种后盖细土稍加压实,使种茎与土壤紧密接触,以利于抽芽,每 667 米^2 用种茎 150～200 千克。

玉竹生长期间,田间杂草会与其争夺营养和光照,因此要注意及时中耕除草。每年应进行中耕松土除草 2～3 次。同时,雨后及时松土保墒。

每年立冬后,玉竹的地上部分枯萎,植株进入休眠期,此时每667米²可施2 000~3 000千克猪牛圈肥,然后在畦沟内取土覆盖到畦上,覆土5~7厘米,既可防冻害,又可防止根状茎露出地面而变成绿色。玉竹进入营养生长后,应及时灌水,生长期根据天气情况浇水3~4次。若遇上连续降雨,地面容易积水,要及时开沟排水,否则将导致烂根或严重影响地下根状茎营养体的形成与增粗,导致产量和质量下降。7月份是玉竹生长最旺盛时期,结合灌水,可补充速效肥15千克,追施1~2次,以促进生长。

2. 日光温室反季节栽培技术 冬季日光温室反季节生产玉竹时,要掌握好扣膜时间,一般是在当年的霜冻前进行。主要是以食用嫩苗或嫩茎叶为主。

温室栽培时间一般是在10月中下旬或11月初进行,为元旦、春节增添特色蔬菜。采用根茎进行商品生产,从根茎定植到商品采收所需要的时间一般为40~50天。如果根茎的种源充足,在一个冬季里可以进行2~3茬的商品生产。

(1)翻地做床 在温室内进行栽培,为了增加产量,可加大栽培密度,大多采用床畦加密栽培方法。首先在地表铺施腐熟农家肥,每667米²用量为3 500~4 000千克。深翻地,深度为25~30厘米。耙碎土块,整平床土,做成1.2~1.5米宽的畦床,床畦的高度为20厘米左右。

(2)土壤和温室消毒 每667米²用过氧乙酸0.5千克,对水400~500升,定植前将该药液浇于沟内,搂土盖平闷3~5天再栽苗。也可以在栽苗前10~15天,用40%甲醛100倍液与前法相同消毒土壤。温室空间消毒,每立方米用硫磺4克掺入干细锯末8克,拌匀放在容器里点燃,发烟熏闷24小时后放风,过3~5天后栽苗。

(3)栽植 床畦做好后,进行栽植。从床畦的一端开始挖出栽植沟。沟深 15～20 厘米。为了增大栽植密度,每沟行距 10 厘米左右。然后将根茎栽于沟内。株距 5～6 厘米,每平方米可栽植根茎 180～200 株。盖土,浇水,第一次的底水要浇足,使床土下 10 厘米处达到饱和为宜。

(4)田间管理 根茎栽植后,温室内的温度,白天应在 12℃～22℃,夜间的最低温度应在 5℃ 以上。白天的最高温度不宜超过 25℃,如果长时间处于高温的状态下,会使幼苗徒长,产量和质量均受影响。适当的加大温差,可促使幼茎生长得鲜嫩、肥胖。及时除草,第一次可用手拔或浅锄,以免锄伤嫩芽,以后应保持床面无杂草。

追肥:在行间开浅沟,每 667 米² 施腐熟人畜肥 800～1 000 千克,撒施腐熟干肥(牛粪、土杂堆肥等)1 层,培土 7～10 厘米,每 667 米² 施入人粪水 1 500～2 000 千克,施后培土。

根茎定植后到幼苗长出前这一时期,不宜浇水,以免降低地表温度,推迟幼芽出土。当幼芽出土后,应经常浇水,始终保持土壤湿润,同时可适量地追肥。幼茎刚出土后,不宜强光直射,应采取必要的遮光措施,可用遮阳网或草苫等遮光。此期如果光照过强,会使叶片生长肥厚而茎秆细小,影响产品质量。

(5)采收与采后管理 温室内栽培,生长条件可以人为控制,有利于提高产量和质量。在低温弱光的生长环境条件下,玉竹的幼茎高度达到 15～20 厘米时仍鲜嫩不老化。采收时,应分期、分批进行。采大留小。一个生长周期可以采收 3～4 茬。最后一次采收时,无论如何一次采收完毕,以便进行下一轮的生产。

采收完毕后,将地下的根茎一同挖出,放入地窖中,用河沙盖好,并保持一定的湿度。待翌年春天,移入大田内,培育新的根茎,以备下一年冬季生产。这样可以大大降低生产成本。

玉竹的幼嫩茎叶采收后捆成小捆出售。如果不能及时出售,应放在低温的环境条件下存放。在 0℃～2℃ 的低温条件可存放

10～15 天。

3. 塑料大棚反季节栽培技术　利用塑料大棚进行玉竹的商品生产,成本费用较低,栽培方法与温室相同,可参照进行操作。一般在 10 月中下旬进行栽培,商品采收在 11 月中下旬开始,气温达到最寒冷的时节之前,将商品采收完成。另一种栽培时间是 4 月上旬开始,到 5 月初期采收结束,利用自然的温度条件进行生产,一方面可降低管理费用,另一方面生产周期较短。

另外,玉竹还可在塑料中棚和塑料小拱棚内进行栽培,其管理费用和成本投入更小。

（四）采收与加工

1. 采收　玉竹种植 1 年后即可收获,但产量低,大小还不到规格。2～3 年生的玉竹收获最好,产量高,质量好。4 年生的产量更高,但质量下降,纤维素增多,有效成分下降。一般在栽后 2～3 年,于 8 月中旬采挖。选雨后晴天,土壤稍干时,用刀齐地将茎叶割去,然后用齿耙顺行挖根,抖去泥沙,按大小分级,放在阳光下暴晒 3～4 天,至外表变软,有黏液渗出时,置竹篓中轻轻撞击根毛和泥沙,继续晾晒至由白变黄时,用手搓擦或两脚反复踩揉,如此反复数次,至柔软光滑,无硬心,色黄白时,晒干即可。也可将鲜玉竹用蒸笼蒸透,随后边晒边揉,反复多次,直至软而透明时,再晒干。

2. 加工

(1)晒毛坯　将收获的玉竹放在干净的水泥地上晒,晒的时间长短视光照强度、玉竹堆放厚度而定,一般晒 2～4 天,晒到较柔软但是不出现皱纹即可。晒的时间过长会使玉竹条有皱纹不饱满,影响质量。如遇雨要移到通风干燥处,严防潮湿,防止受伤部位发霉变质。

(2)去须根　玉竹须根较多,晒干后容易折断。如玉竹量少,可用纤维袋装起来，用手揉，用脚踩去掉须根，或用竹篮子、竹箩筐来回摇动去掉须根，玉竹数量大时要用机械去掉须根。有时一次去不干净，则要去第二次，直到去完为止。

（3）揉糖汁　用揉糖机把玉竹揉软，要揉出糖汁，揉到透明黏手为宜。如果没有揉好，则玉竹条晒干后有皱纹，不饱满，玉竹片色泽不白，影响质量。如果揉得过度，则糖汁流失太多，玉竹条易粘灰，色泽较厚，难晒干，也影响质量。揉的时间长短根据毛坯晒的程度而定。

（4）晒条子　揉出糖汁后要及时摊开晒干，不能耽搁时间，不能堆在一起，不能沾水淋雨。稍不注意，两夜之间就会长满白霉、黑霉，使产品报废。若天气不好，就不要急于揉糖汁，一定要等天气好再揉。若揉后遇雨，则要迅速放到通风干燥处用鼓风机或电风扇吹。若遇阴雨天气，则要放烤房中烘烤。

晒玉竹条的场地必须清洁平整。玉竹条一定要晒透晒干，否则装袋入库容易发霉变质。

玉竹条一般为统装，有些分为 2 个等级，好的要求粗壮饱满无皱纹，色泽棕黄（或棕褐），新鲜透亮，长度 10 厘米，直径 1 厘米以上，其余的为外等级。一般加工成玉竹条即可出售。

玉竹片晒干后进行选片，分级包装。现在一般分 2 级，好的叫选片，要求色泽白，无边皮，长度一般在 7 厘米以上。差的叫统片，是那些边皮和很短很窄的心皮。也有些分 3 级，再在选片中选出一些最好的，长 15 厘米，宽 10 厘米以上，叫摆片，在包装时要一片一片地摆放整齐。包装数量根据包装袋大小而定，但不宜过大。

（五）病虫害防治

1. 锈病　受害叶片呈现圆形或不规则的黑色病斑，直径在 1～10 毫米不等，叶片背面生有黄色环状小颗粒。锈病一般在 5

月份开始发生,6～7月份发病严重,雨季发病较多,而且危害严重。防治方法:在发病初期,可用50％二硝散可湿性粉剂300倍液,或0.2波美度的石硫合剂,每7～10天喷施1次,连续喷施2～3次。

2. 褐斑病　受害叶片产生黑色的病斑。常受叶脉所限成为条状,中心部位稍淡,后期出现黑色霉状物,即为病原菌的实体。褐斑病菌以分生孢子器和菌丝体在玉竹枯叶或土壤中越冬。一般在南方5月初开始发病,7～8月时严重,直至收获期均可染病。防治方法:及时拔出病株体,集中烧毁。在发病初期,可用1∶1∶150波尔多液,或70％甲基硫菌灵可湿性粉剂1 000倍液,或用65％代森锌可湿性粉剂600倍液进行喷施。每7～10天喷施1次,可视其病情,连续喷施2～3次。

3. 紫轮病　病斑生于叶的两面,圆形或椭圆形,直径2～5毫米。开始呈红色,逐渐中心部位变成灰色。其上面着生黑色的小点,即为病原菌的分生孢子器。病菌以分生孢子器或菌丝体在病株残体上越冬。翌年春分生孢子随气流飞散,引发传染。东北地区7月份发生较为严重。高温多湿时发病严重。防治方法:可参照褐斑病的防治方法进行防治。

4. 灰霉病　叶片上产生近椭圆形病斑,直径在1～1.5毫米。天气干旱时节病斑褐紫色,边缘清晰,有模糊的霉状物,即为病原菌的子实体。病菌以菌丝体在病株残体上越冬。第二年的春天分生孢子借风而传播,引起感染。东北地区多发生在7～8月份。防治方法:可参照玉竹褐斑病防治方法进行防治。

5. 虫害　主要有地老虎、蛴螬,危害幼苗及根茎,可用敌百虫毒饵诱杀。

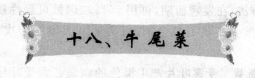

十八、牛尾菜

（一）概 述

牛尾菜（*Smilax riparia* A. DC.）俗名草菝葜、龙须菜、白须公、软叶菝葜等,为百合科菝葜属多年生草质藤本植物。牛尾菜在辽宁省东部山区又叫做龙须菜,初春的幼嫩茎叶似鞭杆,也称鞭杆菜,营养价值和药用保健价值高。

1. 形态特征 牛尾菜雌雄异株,具短根状茎,生有多数细长的须根。茎长 1～2 米,中间有空心。叶互生,常为卵形,具 3～5 条弧形纹,脉间网纹,背面绿色,无毛,基部近圆形成心形,先端渐尖或急尖。花为伞形花序,生于叶腋,较细弱,花序托膨大;单性花,比较小,淡绿色。浆果为球形,成熟时黑色。花期 5～6 月份,果期 8～9 月份。

2. 生态习性与分布 牛尾菜主要生长于林下、阴湿谷地或较为平坦的地带,常在油松、山里红、蒙古栎、辽东栎等树干周围或灌丛中,与铁线莲、山葡萄、穿龙薯蓣等混生。牛尾菜分布比较广泛,国内除内蒙古、新疆、西藏、宁夏、甘肃外,其他各省都有分布。

（二）种苗繁育

牛尾菜以种子进行繁殖,一次种植后可多年利用。每年 9～10 月份牛尾菜的果实开始成熟,这时将果实采集下来,不要阳光暴晒,放在阴凉通风的地方。等果实阴干后剥去果皮,得到红色、成熟而饱满的大粒种子。牛尾菜种子具有休眠期,所以正常情况下,不能马上发芽。生产上采用赤霉素处理后,进行低温层积沙藏,可以打破休眠。具体方法:11月初,将牛尾菜种子用50毫克/千克赤霉素处理5~8小时,沥干水分,与种子体积3~5倍的细河沙混拌均匀,调节种沙相对湿度60%左右。将种沙放入室外深40厘米左右的坑中,上与地面相平,地面以上先盖5厘米厚的细河沙(相对湿度60%左右),再盖10厘米厚的土,做成龟背形。翌年3~4月份种子即可发芽。

（三）栽培技术

1. 林下、荒坡地栽培技术 野生状态下的牛尾菜对土壤的要求不是十分严格,只要种植地不是特别瘠薄都可以。但为了提高产量,还是应种植在比较肥沃的地块,每667米^{2}施入腐熟有机肥约4 000千克。深翻地25厘米以上,土块打碎,清除大的石块,用耙子搂平。然后做高畦,畦宽1.8米,长度不限,开沟,沟深10~15厘米,浇足底水。将发芽的种子按株行距10厘米×10厘米栽于沟内,覆土,厚度以3~5厘米为宜。为了保持土壤墒情,上盖草苫或其他覆盖物进行保湿。待牛尾菜的幼苗出土后,及时揭开草苫。揭苫过早,会造成土壤过干,延迟种子的出土时间,降低种子发芽率;揭苫过晚,由于幼苗长时间不见光,会造成秧苗细弱,易断。

野生牛尾菜生长比较密集,一般呈片状分布,在林间空地、草丛也偶有生长。牛尾菜比较喜欢阴湿的环境,幼嫩小苗不宜在强光下暴晒。在田间栽培过程中应该适度地对幼苗进行遮阳。一般在幼苗长至8~10厘米时,便给其搭棚遮阳。对于田间的杂草,只要不是和幼苗发生争光、争水、争肥,不要过早地清除,给幼苗创造

十八、牛 尾 菜

一个阴凉、湿润的环境。当幼苗长至 20～30 厘米时,出现卷须,需考虑搭架,使其攀缘生长。

第一年牛尾菜生长期间,需追速效氮肥 2～3 次,一般使用尿素即可,每 667 米² 使用量为 10～15 千克,辅以磷、钾肥(硝酸钾和过磷酸钾)。其后应根据生长情况,适当地补充三元复合肥 30～50 千克。第二年以后的管理基本相同,依据植株生长状况和采收情况适度补充肥料,有机肥和化肥应交替施用。

2. 冬季日光温室反季节栽培技术 冬季日光温室反季节生产牛尾菜主要以食用嫩茎叶为主,因此栽培中主要是培育优质的茎叶和嫩梢。栽培季节为每年的 9 月份到第二年的 7、8 月份,这一时间段内外界温度变化较大,光照不足,难度较大,需要的栽培技术也高。

(1)露地养根 进行保护地栽培前要先在露地进行栽培,主要培养壮苗,为后期生长打下基础。具体栽培技术参考林下、荒坡地栽培技术。

(2)地块选择 选择 2 年生以上的牛尾菜作保护地栽培。2年生牛尾菜已进入旺产期,具有一定根盘,能贮存足够的养分。

(3)扣棚 进入 10 月份后,随着外界温度的降低,牛尾菜进入生长缓慢期。地上部分逐渐干枯死亡,扣膜前将干枯的地上茎和其他杂质清除干净。扣膜时间一般在 10 月下旬左右,升温不宜过早,否则牛尾菜因温度过高造成早衰。

(4)棚室内的管理 棚内温度白天为 24℃ 左右,夜间最低温度保持不低于 8℃。因此,白天棚温高时可进行揭膜通风,夜间覆盖保温。扣棚前期温度较适宜,依据植株长势浇 1～2 次水,防止植株徒长;随着采收量的增加,逐渐提高浇水量和浇水次数,一般10 天 1 次。后期可随水追施速效氮肥 15 千克左右,喷施叶面肥1～2 次。因为牛尾菜比较喜欢阴湿的环境,前期栽培中考虑适当遮阴,等进入 11 月份以后,由于外界温度较低,应去掉遮阳物,管理重点是保温。

3. 塑料大中棚反季节栽培技术

（1）露地养根　进行保护地栽培前要先在露地进行栽培,主要培养壮苗,为后期生长打下基础。具体栽培技术参考林下、荒坡地栽培技术。

（2）地块选择　选择2年生以上的牛尾菜作塑料大中棚反季节栽培,秋季重施肥料,每667米^{2}施优质腐熟农家肥4 000千克、氮肥15千克,促进秧苗生长,贮存足够的养分,为春季萌发打下基础。

（3）适时搭棚　1月中下旬,栽培田进行冬季清园,清理出残枝败叶和杂草后,根据情况适时搭盖大棚膜。前期大棚密闭升温,提高地温,促进牛尾菜早萌发。

（4）田间管理　及时进行中耕除草,防止杂草与牛尾菜争夺营养。牛尾菜在越夏时要进行遮阳避雨,塑料大棚膜不宜全部揭开,在膜上覆盖遮阳网,以达到遮阳避雨的目的;大棚四周最好安装0.45毫米孔径的防虫网(因夏季昆虫较多),既通风又防虫。总之,遮阳避雨是牛尾菜越夏栽培良好的关键。进入秋季以后,早晚温差较大,通风管理要及时,防止出现白天高温烤苗,晚间温度过低生长不良现象。当环境条件恶劣时,及时清理田园,停止采收,适当地养根护苗,为翌年生产打下基础。

（5）肥水管理　在生长期间随水冲施1～2次速效氮肥,根据牛尾菜的生长追肥量要前少后多,后期追施硝酸钾复合肥25千克。在浇水上应注意遇旱浇水,浇水后及时中耕,雨后防涝。

4. 塑料小拱棚反季节栽培技术　在大地土壤化冻(大约3月初)即可扣小拱棚,前期是保温,基本不放风。随着温度升高逐渐加大通风量,到5月中旬全部撤掉小拱棚。这种栽培方式,牛尾菜可提早半个月上市。

（四）采收与加工

1. 采收 利用种子繁殖的牛尾菜应该在第二年才可采收,早则不利于后期产量,晚则投资大、效益低。露地栽培采收的时间是每年的 5～6 月份,采集嫩茎叶,保持鲜嫩的标准以未展开或刚展开叶片为前提,一旦展叶,茎就会老化,失去食用价值。为了不影响下一季的生长发育,一般当季采收 3～4 次为宜。

2. 加工

（1）晒干菜 将采回的嫩茎叶及卷须洗净,沸水焯 3 分钟,清水浸泡后捞出,沥干水分,晒干或烘干,包装、贮藏。食用前热水泡开,炒肉、炖鸡更具特色。

（2）腌咸菜 将嫩茎叶洗净,加入 15％食盐,一层菜、一层盐,放入坛中腌制,加入花椒、大茴香等佐料,20 天后即可取出凉拌或温水泡一下后炒食、炖食均可。

（3）制罐头 将采回的嫩茎叶洗净,按不同长度分级,放入由盐、花椒、氯化钙、柠檬酸配成的预煮液中煮 3～5 分钟,捞出,清水浸泡,装罐,加满配好的汤汁,排气、杀菌、冷却、贮藏。

（4）速冻 将嫩茎叶洗净,分级,放入速冻机中,使中心温度达 $-35℃$,然后存入 $-18℃$ 的冷库中贮存。食用前热水泡开,炒食、炖肉、做汤。

（五）病虫害防治

牛尾菜栽培中尚未发现病虫害发生。

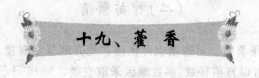

十九、藿 香

(一)概　述

藿香[*Agastache rugosa*(Fisch. et mey.)O. Kuntze.]俗名野苏子、野藿香、猫把蒿等,为唇形科藿香属多年生草本植物。藿香兼有薄荷和香薷的香气,营养丰富且风味独特,药用保健价值高,反季节产品市场价格高,是一种极具开发前景的山野菜珍品。

1. 形态特征　藿香为多年生直立草本植物,高 60～200 厘米,有芳香气。茎四棱形,上部被极短的细毛。叶对生,具长柄,叶片心状卵形至矩圆状披针形,长 12～13 厘米,宽 1～10 厘米,先端短渐尖或锐尖,边缘具钝锯齿,叶面无毛或近无毛,散生透明腺点,背面被短柔毛。轮伞花序多花,在主茎或倒枝的顶端密集成假穗状花序,长 3～19 厘米;苞片阔线形或披针形;花萼筒状,5 裂;花冠唇形,淡紫红色;雄蕊 4 枚,2 强,伸出花冠管外;子房 4 深裂,柱头 2 裂。小坚果卵状矩圆形,有三棱,顶端具短硬毛,褐色。花期 6～9 月份,果期 9～11 月份。

2. 生态习性与分布　藿香喜光,对温度适应性强,生长期间喜欢较温暖的环境条件,根在北方能越冬,第二年返青,地上部不耐寒,霜降后大量落叶,冬季地上部枯死。对土壤要求不严,以沙质壤土为好,忌低洼地。

藿香生长于海拔 170～1 600 米的山坡、路旁、林缘或灌木丛间。我国各地广泛分布,俄罗斯、朝鲜、日本及北美洲均有分布。

十九、藿香

(二)种苗繁育

1. 种子繁殖 可春播也可秋播。北方地区多春播,南方地区为秋播。可以育苗移栽,多数地区采取直播。5~6月份收割藿香时,正是现蕾开花期,留种田不收,待种子大部分变成棕色时收割。收割后置于阴凉处后熟数日,晒干脱粒种子。

(1)秋播 于9~10月份播种。在整好的畦面上,按株行距30厘米×30厘米打穴,穴深3~5厘米,平底大穴,施人畜尿每穴0.5~1千克后,将浸泡过的种子,趁潮拌草木灰后,均匀地播于穴内,每穴播种5~6粒,盖1~2厘米薄土。久晴不下雨应及时浇水。

(2)春播 3月下旬至4月上中旬进行。顺畦按行距25~30厘米开1.0~1.5厘米深的浅沟,将种子拌沙,均匀地撒入沟内,覆土1厘米,稍加镇压。土壤过干则浇透水。每公顷用种子7.5~12千克。

如进行育苗,可用珍珠岩和蛭石按1:1混合均匀,装入育苗盘,将种子均匀撒播,覆土1厘米,浇透水,保持湿润,苗高5厘米时移栽。如在苗床进行播种,需精细整地,苗床平整,将种子拌细沙或草木灰,均匀撒入畦面,稍加镇压,再覆少量细土,播后要保温保湿。出苗后及时除草。苗高12~15厘米时定植。

2. 扦插繁殖 一般10~11月份或3~4月份扦插育苗。雨天选生长健壮的当年生嫩枝和顶梢,剪成10~15厘米带3~4个节的小段,去掉下部叶片,1/3插入土中,插后浇水盖草。

3. 宿根繁殖 宿根移栽(老藿香)极易成活,宿根在第二年5月份出苗,用剪刀紧贴地面剪掉冬季枯死的地上残茎,然后浇1次稀薄粪水,促进新苗生长。到苗高9~15厘米时,即可将苗挖起,带土移栽大田,应于雨天或阴天随挖随栽,成活率高。移栽株行距

30 厘米×35 厘米,每 667 米² 栽 6 000 株。栽好后立即浇 1 次稀薄的粪水,促进成活。宿根发出的藿香高达 70～90 厘米时,当年春播的藿香 15～36 厘米高。宿根移栽的 6 月底至 7 月初开花,当年春播的 7 月中旬开花。因为藿香分蘖力强,几年后一墩能发几十棵,要及时分墩,墩头太大,营养吸收不足,产量低。

（三）栽培技术

1. 林下、荒坡地栽培技术

（1）选地整地　选择避风无污染的林间坡地、山角梯田、水田、旱田等,只要土质松软、湿润、肥沃都可播种。山坡地的坡度不宜过大,要求冲刷不强烈,保水性能良好。土壤宜选透性好的沙壤土,尤其是富含腐殖质的棕色土或黑色沙壤土为好。土层要深厚,土壤 pH 值以 4.5～5.5 为宜。

整地通常于前作收获后,深耕土壤,施土杂肥,开 1～1.3 米宽的高畦。在秋季收割作物后即翻耕晒田,使土壤充分风化,增加肥力和地温,施足基肥,每 667 米² 施腐熟农家肥 2～3 吨、普钙 30～40 千克,均匀撒施,深翻入土,整平耙细。春播做成 1.2～1.3 米宽的高畦,畦高 15～20 厘米;秋播则做成 1.8～2 米宽的高畦,畦高 10～15 厘米,有利于排水和保墒,以备种植。

（2）田间管理

①间苗、补苗　直播苗在气温 13℃～18℃、土壤湿度适宜时,10～12 天出苗。当苗高 10～12 厘米时进行间苗,去弱留强。条播可按株距 10～12 厘米,两行错开定苗。穴播的每穴留壮苗 3～4 株。

如进行育苗,按照株行距 25 厘米×30 厘米开穴,深 5～7 厘米,每穴栽壮苗 2～3 株,栽后浇水,水渗下后封埯,再顺沟浇 1 次水,以利缓苗,发现缺株,应选阴天进行补苗。栽后浇 2 次稀薄人畜粪水,以利成活。

②中耕除草和追肥 每年进行 3～4 次中耕。第一次于苗高 3～5 厘米时进行松土,并用手拔除杂草。松土后,每 667 米² 施稀薄人畜粪水 1 000～2 500 千克;第二次于苗高 7～10 厘米时进行,间苗后,结合中耕除草,每 667 米² 施人畜粪水 1 500 千克;第三次在苗高 15～20 厘米时进行,中耕除草后,每 667 米² 施人畜粪水 1 500～2 000 千克,或尿素 4～5 千克对水稀释后浇施;第四次在苗高 25～30 厘米时进行,中耕除草后,每 667 米² 施人畜粪水 2 000 千克,或尿素 6～8 千克对水浇施。封行后不再进行中耕。每次收割后都应中耕除草和追肥 1 次。苗高 25～30 厘米时,第二次收割后进行培土,特别是收割后培土,能保护根部越冬。雨季要及时疏沟排水,以防积水引起植株烂根;旱季要及时浇水,抗旱保苗。

2. 冬季日光温室反季节栽培技术

(1)整地施肥 结合翻耕,每 667 米² 施腐熟农家肥 2 000 千克,整平耙细,按南北向做成宽 1.2 米的畦,畦间留 0.3～0.4 米的作业道。

(2)播种 根据市场需求确定播种时间,可在 9 月下旬至 10 月中旬采集种子,直播或育苗移栽。

①育苗移栽 播种方法同露地栽培,出苗后松土、除草,当苗 2 叶 1 心、高 3.5～4.5 厘米时,选择生长健壮的幼苗,按 20 厘米×25 厘米的株行距进行移栽,每穴 3 株,栽后浇透水,保持土壤湿润,有利成活。

②直播 按行距 25～30 厘米开浅沟,沟深 1～1.5 厘米,将种子用细沙拌匀,均匀地撒入沟内,覆土 1 厘米,稍加镇压,土壤过干需浇透水。

(3)田间管理 9 月下旬扣棚,白天温度保持在 25℃～28℃,夜间在 10℃～13℃,幼苗出土后要适当降低温度,防止徒长。苗高 3～5 厘米时施稀薄人畜粪水 1 000～1 500 千克,水分管理要保持土壤湿润,土壤相对湿度保持在 75%～85%。

3. 塑料大棚反季节栽培技术 野生藿香多生长在气候温暖湿润,土壤疏松肥沃,排水良好的山坡、山脚湿地、田边及沟旁等处。故在大棚中应模拟自然条件进行栽培。

(1)**整地施肥** 藿香幼苗怕光,要求土壤排水良好、土层深厚、富含腐殖质、pH 值为 6 左右的沙壤土或壤土。播种前 1 个月左右先翻地并施入腐熟优质农家肥 1 000 千克/667 米^2 作基肥。

(2)**育苗移栽**

①做床 在播种前几天把地耙细,整平做床,床宽以 1.5 米为宜,长度根据播种面积而定。在选好的床内向下取土 10 厘米,铺上厚 1.5 厘米左右的稻草,再在上面铺上腐熟优质农家肥与沙壤土的混合物 8.5 厘米左右,农家肥与泥土的混合物比例为 3：1 为宜。最后在苗床四周用木板固定,把苗床整平压实即可。

②播种 畦面整平后开始浇水,浇到畦面的水以能停留一会儿后再渗下为度,把种子与少量细沙混合拌匀后均匀地撒在床内,再在上面撒上一层细土,覆土厚度为 0.5 厘米,铺上一层稻草或地膜保湿,最后插上拱架,盖上农用塑料薄膜即可。每 667 米^2 种子用量为 0.5 千克左右,育苗床的面积为 25～30 米^2。辽宁地区适宜播种期为 2 月下旬至 3 月上旬,10 厘米地温稳定在 5℃以上。

③苗床管理 出苗前要保持床面湿润,温度在 20℃～25℃为宜,出苗后撤掉覆盖在畦面上的稻草或地膜。播种初期为提高地温,小拱棚白天撤掉,晚上覆盖。当苗高达 1 厘米时开始间苗,苗高 2 厘米时定苗,苗高 3 厘米时开始炼苗,即打开塑料薄膜,撤掉小拱棚,湿度管理上浇水量要酌减,逐渐减少苗床湿度。

④移栽 苗高 3.5～4.5 厘米,具 4 片真叶时,炼苗达 7 天以上即可开始移栽。移栽前几小时要把苗床打透水,起苗时苗根部要多带土。按行距 40 厘米,株距 25～30 厘米,每穴 2～3 株苗为

宜。栽后浇足水,保持土壤湿润,利于成活。

(3)田间直播 于播种前的 15～20 天扣棚,当棚内的土壤化冻后就可整地,每 667 米² 撒施腐熟农家肥 2 000 千克,地深翻 20 厘米后耙平。按行距 40 厘米左右起垄,在垄上开浅沟,沟深 2 厘米左右,打足底水,然后用细沙与藿香种子混合后均匀地播入沟内,播后覆细土 0.5～1 厘米,压实。需 10 天左右出苗。

(4)田间管理

①温湿度管理 在温度管理上,播种或移栽后温度可适当提高,白天保持在 25℃～30℃,夜间保持在 8℃以上;出苗或缓苗后适当降低温度,白天保持在 20℃～25℃,夜间保持在 5℃以上。在水分管理上,经常保持土壤湿润,浇水宜在晴天的上午进行,以浇湿畦面为度,当外界温度升高后可进行大水漫灌。

②中耕除草 田间直播的播种后待幼苗高 1～3 厘米即可进行第一次除草,除草后培土、淋灌,以促进根系发育和幼苗生长。

③间苗补苗 田间直播的苗高 3 厘米左右开始间苗,苗高 6 厘米时按株距 30 厘米左右定苗。每穴留苗 2 株。补苗不要伤根,不能过迟,宜选阴雨天气补苗。

④追肥 追肥以氮肥为主,播种出苗后进行第一次追肥,用 1∶1.5 的稀粪水或每 50 升水加硫酸铵 100 克。以后每隔 10 天施肥 1 次,在封行前重施 1 次有机肥。

(四)采收与加工

1. 采收 4～6 月份采收,采摘嫩茎叶或幼苗;现蕾开花时,采花序洗净,切段;或 7～8 月份盛花期收获。选晴天齐地面割下,运回迅速晒干、烘干或阴干备用。每公顷产量 4 500～7 500 千克。藿香以茎枝色绿、干燥、叶多、香气浓郁者为佳。藿香只能连续收割 2 年。

2. 加工　制干菜：鲜嫩茎叶洗净，沸水浸烫 1～2 分钟，捞出沥去水分，晾干，包装、贮藏。食用前温水浸泡、漂洗，可做汤、做馅或做火锅加入藿香，味道浓香可口。

（五）病虫害防治

藿香主要病害有褐斑病、斑枯病、轮纹病等，叶片出现大量病斑，导致提前死亡。发病前喷洒 1：1：100 波尔多液保护；发病初期选用 50％代森锰锌可湿性粉剂 600 倍液，或 50％多菌灵可湿性粉剂 500 倍液，或 77％氢氧化铜可湿性粉剂 600 倍液等药剂，视病情喷 2～3 次，间隔 10 天。虫害主要有蚜虫、红蜘蛛、卷叶螟、银纹夜蛾和地下害虫，可用乐果进行喷施，用敌百虫或辛硫磷进行喷施或做成毒饵诱杀。

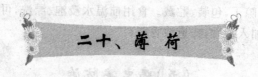

二十、薄荷

(一)概　述

薄荷(*Mentha haplocalyz* Briq.)俗名野薄荷、家薄荷、水薄荷等,为唇形科薄荷属多年生草本植物。薄荷具有医用和食用双重功能,主要食用部位为茎和叶,也可榨汁服用,还可做香料或配酒。薄荷具有疏风散热、开胃的作用,也有祛暑的保健价值。

1. 形态特征　薄荷高 30～60 厘米,茎直立或基部外倾,有伏生根茎,有清凉浓香气,上部有倒向微柔毛,下部仅沿棱上有微柔毛。叶对生,长圆状披针形或长圆形,长 2～8 厘米,宽 10～25 厘米,先端急尖,基部楔形,边缘有尖锯齿,两面有疏短毛,下面有透明腺点;叶柄长 4～14 厘米,有短柔毛。花小,成腋生轮伞花序;花萼钟状,长 2～3 毫米,外被细毛或腺点,5 齿,齿呈三角状钻形;花冠淡红紫色,外被细毛,檐部 4 裂,上裂片较大,顶端微凹,其余 3 裂片较小,全缘;雄蕊 4 裂,前对较长,均伸出花冠外;花柱顶端 2 裂,伸出花冠外。小坚果长圆状卵形,平滑。花期 8～10 月份,果期 10～11 月份。

2. 生态习性与分布　薄荷野生生长于山谷、溪边、坡地、村旁阴湿处,主要分布于我国南方各省区,主产于江苏、浙江及湖南等省,东北亦有少量分布。

(二)种苗繁育

1. 根状茎繁殖 根茎随挖随栽,避免风吹日晒使根干缩、变黑,降低成活率。选白色粗壮、节短的新根茎留作种用,拣去老根和黑根。按行距24厘米在畦面开深6～10厘米小沟,一人开沟,一人放根,可整条放入沟内或者截成6～10厘米小段放入,株距15～20厘米,施稀薄人粪尿,一人覆土同时操作,避免根茎风干、晒干。每公顷需根茎1 500～2 250千克。

2. 分株繁殖 也称秧苗繁殖或移苗繁殖。选择植株生长旺盛、品种纯正、无病虫害的田地留作种用。秋季地上茎收后立刻中耕除草追肥,翌年4～5月份(清明至谷雨),苗高6～15厘米时,将老薄荷地里的苗连土挖出根茎,移栽,按行距21厘米、株距15厘米挖6～10厘米深穴,一穴栽2株,覆土压紧,施稀薄人粪尿封根,再浅覆土形成隔墙层。此法繁殖产量高,可延至春后,土地冬天还可以种其他作物。本法可作育种采用,以选育优良品种。

3. 种子繁殖 3～4月份把种子和少量干土或草木灰拌和,播种畦上,开浅沟。把种子均匀撒入沟内覆土1～2厘米厚,播后浇水,盖稻草保墒,2～3周即出苗。种子繁殖生长慢,容易变异,作育种用,生产上不采用。

4. 扦插繁殖 6月份左右,把地上茎或主茎基部切成10厘米长的插条,先在苗床上扦插育苗,成活后移栽。该法产量无根茎繁殖产量高,生产上不采用,但种根不足时也可采用。该法多为选种和种根复壮用。

(三)栽培技术

1. 林下、荒坡地栽培技术 薄荷在我国多数地区一年收获2

次:第一次收获叫做收头茬薄荷;第一次收割后,再生的薄荷叫做二茬薄荷。

(1)选地整地,施足基肥　薄荷对土壤要求并不严格,除过酸或过碱的土壤以外,一般都能种植。但宜选土质肥沃、地势平坦、阳光充足、排灌方便的土地为好。沙土、黏土、光照不足、易旱易渍的土地不宜栽种。薄荷喜轮作,种薄荷的地要年年轮换,每年最好重新种过,否则生长1年后,地下根茎完全密布,老根过多,产量不高。在不得已时也只能留用1年,而且每2年中耕时要在行间深锄1遍,锄掉部分老根,以免苗过密,不利于高产。

整地要深耕、耙平、做畦。耕翻时要求每667米²施入厩肥(土质肥、堆肥)2 500～3 000千克,并用磷肥50千克作基肥。单施氮肥易徒长,叶片变薄,最好基肥中施入豆饼50千克,然后耙平。为了便于排灌,一般做成2～3米宽的畦,同时开好排灌水沟。南方多雨地区,应采用深沟高畦,北方多干旱,宜采用平畦。

(2)适时播种,确保全苗　薄荷大面积生产主要是用地下茎与匍匐茎作繁殖材料,一般播种时间在立冬与小雪之间。北方宜适当提早,南方则相应推迟。播种过早,气温高,当年发芽出苗,小苗遇寒流即冻死,消耗了部分养料,降低种茎的越冬能力;播种过迟,因土壤冻结,播种质量差,影响翌年出苗率。

播种数量要根据播种的稀密、品种的长势与分枝特性、施肥水平高低、种茎的质量好坏来确定,一般要求用精选过的种根茎75～100千克,以确保春后全苗。

(3)除杂保纯,匀密补稀　很多薄荷品种能够结实,种子落地后,雨季发芽长出新植株。另外,薄荷原是杂交育成,经过长期的无性繁殖常会发生芽变,这样就造成品种不纯、优劣混杂,严重影响薄荷的产量与质量。野薄荷生长旺盛,会抑制家薄荷的正常生长。野薄荷带有异味和臭味,家薄荷香味纯正、浓郁;野薄荷叶片呈披针形,叶缘锯齿深而密,家薄荷叶片呈卵圆形,叶缘锯齿明显而稀。应在薄荷出苗后,苗高 12~15 厘米,野薄荷在田间容易辨认时把它整株连根拔除。

为了获得高产,田间留苗必须保持一定的密度。密度过大,分枝下部叶片易脱落;密度过小,基本苗不足,产量受到限制。因此,一定要做好匀密补稀工作,一般头茬每 667 米² 留苗 2.5 万株,株距 10~13 厘米;头茬割后二茬留苗 5 万株。

匀密补稀应做到三要:一要适时。头茬苗高 12~15 厘米进行,这时植株形态优劣容易区分,地下根茎还未长出,容易挖净。二要仔细。要从植株形态、色泽、气味等方面认真鉴别。三要反复检查。经常检查,见杂就拔,除尽为止。

在田间密度较小的情况下,可以打顶促分枝,增加田间密度。分株繁殖的薄荷,生长较慢,密度常较小,为了促使萌发侧枝增大密度,可在立夏到小满期间择晴天的中午,将植株顶端摘去 1~2 厘米,一般以摘去 2 层幼叶为度,这样伤口愈合快,损失小。摘心后要追施 1 次速效化肥,加速侧芽萌发侧枝。根茎繁殖时,仅在头茬缺苗过多、密度不足时打顶摘心,这时除了进行补苗和移苗外,也可在立夏前后打掉主茎顶芽,增加密度。

(4)中耕除草,合理追肥　苗期气温较低,有利于杂草生长,应抓住晴天,在封行前中耕除草 2~3 次。因薄荷根茎入土浅,近根部宜浅锄,行间可略深些,不能锄伤地下根茎。通过中耕除草,减少土壤水分、养分消耗,提高土温,改善通气状况,促进薄荷生长。在收获前要再拔 1 次草,以免加工薄荷油时混入杂草,影响油的质量。头茬薄荷收获后,要用锄头在畦面浅锄 1 遍,把残留的茎茬及杂草锄光,并将畦沟理深理通,把沟泥盖在畦面上,以利于二茬薄荷出苗生长。

薄荷追肥应采取两头轻、中间重的追肥法。轻施提苗肥:薄荷幼苗刚出土时,每 667 米² 用人粪尿 1000 千克或尿素 10 千克,顺水冲施于行内,使幼苗出土后有足够养料供应,健壮生长。重施分枝肥:立夏前后,气温上升,生长速度加快,光合作用旺盛,叶片增多,开始分枝,苗高12~15厘米时,应重施1次分枝肥,此次施肥要氮、磷、钾肥配合施用,一般每667米²用优质复合肥25千克,雨前行间撒施或对水浇施。化肥一定要露水干后或雨前叶片上无水时施用,以防肥料沾到叶片上,灼伤叶片,同时注意不能单纯重施氮素化肥,以防茎叶徒长,造成后期倒伏,影响产量。补施保叶肥:6月初叶片逐渐开始成熟,要看长势,适量补施1次保叶肥。长势好的不必补施,长势差的适量补施,也可以采取根外喷肥的办法补施。速效肥宜在收获前25~30天施,长效肥在收获前40~45天施。过早补施后期容易早衰,过迟补施易贪青迟熟,影响产量和质量。

(5)排水防渍,灌水防旱 薄荷根茎和须根入土浅,既不耐渍,又不耐旱。薄荷地排水不良,往往出苗不齐,封行后到收获前,如遇连续阴雨,极易染病和脱叶,必须认真搞好开沟排水,做到雨过地干,沟内无积水。

茎叶生长期需要充足水分,如遇天旱,土壤干燥,必须灌跑马水。但灌水时间过长,容易造成烂根死苗。7~8月份高温干旱,会使二茬薄荷出苗推迟,生长缓慢,及时抗旱是夺取二茬高产的关键。在伏天中午,气温太高,灌水宜在早、晚进行,做到速灌、速排为宜。收割前20~30天,应停止灌水,使土壤适当干燥,有利于油、脑积累,并可防止植株返青,成熟延迟。

(6)二茬薄荷的管理 二茬薄荷生育期短,头茬收获后,要抓紧时间"锄残茎",即扫尽残叶,铲除残留地上的茎秆,刨除匍匐茎以及杂草。通过锄残茎,可以起到松土、除草、保墒、更新作用。二茬苗能统一从地下根茎发芽生长出来,达到苗齐苗壮。锄残茎后,应立即灌水施肥,每667米²施尿素15千克、饼肥50千克,或碳酸氢铵25千克对水浇施,促使二茬早发。苗高8~10厘米时施1次分枝肥,促进生长。以后看苗补施最后1次肥,一般补肥在收获前

30 天施下。二茬苗田间密度大,无法中耕,应多次进行手工拔草。北方伏秋多雨要搞好排水,南方常遇伏秋干旱,应注意及时灌溉。

（7）留种　建立留种田,培育含油量高的良种。为了给大田生产提供纯净、足量的良种种根,建立薄荷留种田。留种田要用无混杂的良种薄荷进行繁殖,自出苗开始,便要进行严格的去杂去劣,拔除混进的不良薄荷品种,做到除早、除尽,留种田要给予比一般大田生产较为优越的栽培管理条件,才能培育出健壮、无病、高产量、高含油（脑）量的优良品种种根。

2. 日光温室反季节栽培技术

（1）整地做畦　在日光温室内深翻土地 20～30 厘米,每 667 米² 施入腐熟优质农家肥 2 500～3 000 千克,耙细整平,按南北向做成宽 1.3 米的畦,畦间留 0.3～0.4 米的作业道。

（2）定植与管理　主要采用根茎繁殖和秧苗繁殖。根茎繁殖在 10 月下旬至 11 月上旬,从留种地挖起根茎,将其切成 10 厘米的小段,栽后盖以细土。秧苗繁殖是在秋季收割后即中耕除草和追肥 1 次,当苗高 15 厘米时拔秧移栽。按行距 20 厘米、株距 15 厘米挖穴,每穴 2 株,栽后盖土压实。

（3）中耕除草　当苗高 7～10 厘米时,中耕除草 1 次,在枝叶封垄前进行第二次中耕,这 2 次中耕都要浅锄表土。第一次收割后,及时进行第三次中耕,这次要将收割时剩下的老桩和地上茎、杂草铲掉,促使萌发新苗。铲根的深度要适当,原则上以铲除老桩、松破表土为宜。第二次收割后,再进行 1 次中耕除草。

（4）施肥　以氮肥为主,在每次中耕除草后均应追肥 1 次。每次收割后的追肥量应适当增多,以促进幼苗生长。一般选用人畜粪水,每次每 667 米² 施 1 500～2 000 千克。如果追施尿素,每667 米² 施 100～120 千克,将二者混合施用更好。一般苗期和生长后期施肥量较少,而中期较多,若下一年还作药材用,收割后应增施圈肥、厩肥。

（5）灌溉　薄荷怕干旱，适宜在稍湿润的土壤中生长。如果土壤较干，应立即浇水，尤其是在每次收割后应结合追肥浇透水，促使根茎迅速萌发，但地内积水容易引起病害，影响生长。

3. 塑料大棚反季节栽培技术　参照紫苏塑料大棚栽培技术。

（四）采收与加工

1. 采收　我国薄荷一般一年收割 2 次，华南地区可收割 3 次。头茬在 7 月上中旬收获，二茬在 10 月中下旬收获。适时收获可以获得全年最高产油量，而且薄荷油质优良。由于薄荷油、脑在体内的含量，常随生育时期与不同天气状况发生变化，因此看准火候，抓住其含油量高时及时收割，是实现油、脑高产丰收的关键措施。具体应做到"三看"。一看苗。薄荷叶片在现蕾期含油量高，开花期含脑量高。所以头茬薄荷在现蕾期，并见少量开花即应开始收割，二茬薄荷在开花 30%～40%、顶层叶片反卷皱缩时收割。这时如果把薄荷叶尖提在手上，轻拨风动便有浓郁香味，即宜收割。二看天。温度高、连续晴天、阳光强、风力小的天气叶片含油量高，否则反之。要选在连续晴天高温后的第四、第五天，无风或微风天气收割为宜。早晨、晚上、阴天、雨天、温度低、刮大风，均不宜收割。三看地。要在地面干燥发白后收割，以防踏伤地下根茎。一天当中以 10～16 时，特别是 12～14 时收割最好。

收割时，应尽量平地面将地上茎割下，并摊在地上晒至五六成干。最好当天割，当天运回蒸馏。为了提高薄荷油和薄荷脑产量，收获时要做到五不割：即叶片油量不足不割，地里露水不干不割，阴天、雨天、大风天不割，地面不干燥现白不割，阳光不强的天气不割。

收割回来蒸馏不完的茎叶要及时摊晾，不要堆放，以防发热，油分挥发，茎叶霉烂。薄荷茎秆基部一般无叶、无油，蒸馏前可把它切掉，以节约燃料和人力。收割后残留田间落叶，也可以收集起来蒸油。

2. 加工 收割后，摊开阴干2天，扎成小把，悬挂起来阴干或晒干。晒时须经常翻动，防止雨淋、夜露，否则易发霉变质。折干率25%。产地加工可用土制加工设备，将薄荷茎叶用水蒸气回水蒸馏法蒸馏出薄荷油。冷却以后析出结晶，经过分离精制，便可获得薄荷脑。

（五）病虫害防治

1. 锈病 5～10月份多雨水、田间湿度大时，容易发病，并且蔓延较快。开始时下部叶片背面有橙黄色的粉状夏孢子堆，后期发生冬孢子堆，黑褐色、粉状，严重时叶片枯黄、反卷、萎缩、脱落。防治方法：搞好排水，降低田间湿度。发现病株及时拔除烧毁。也可用1:1:200波尔多液喷雾防治。

2. 斑枯病 又叫白星病，5～10月份，叶片易受害。病初发时叶片两面出现很小的近圆形暗绿色病斑，以后扩大成近圆形、直径2～4毫米的暗褐色病斑。老病斑内部褪成灰白色，呈白星状，上生黑色小点，有时病斑周围仍带暗褐带，严重时叶片枯死脱落。防治方法：可用65%代森锌可湿性粉剂500～600倍液或者1:1:200波尔多液叶面喷雾。

3. 黑胫病 又叫烂根病。多是茎基部近地面处开始变黑霉烂，局部坏死，地上茎的中部、匍匐茎上也有发生。由于茎基部黑死，断绝了水分、养分供应，地上部叶片开始变紫红色，然后全株枯萎致死。此病多发生在土壤潮湿、透气不良的地块。防治方法：搞好苗期防治，苗期发病前期，可在植株基部培土，促发新根，保证水分、养分供应。

4. 病毒病 又叫缩叶病，患病植株矮小瘦弱，叶小而脆，叶片皱缩、扭曲,严重时病叶下垂,枯萎脱落,最后全株死亡,主要由蚜虫传毒致病。防治方法:消灭蚜虫、拔除病株,或用 20％吗胍·乙酸铜可湿性粉剂 1 000 倍液喷雾。

5. 小地老虎　4～5 月份危害,多在夜晚从土穴中爬出来,咬断幼苗与幼茎,造成缺苗断垄。多发生在潮湿、腐殖质丰富、有前作的旱地里。防治方法:早上人工捕捉。用 90％晶体敌百虫 1 千克,拌和铡碎的幼苗、多汁鲜嫩叶 50 千克,或拌和炒香的菜子饼、棉子饼 50 千克,做成诱饵,每 667 米² 大田用 2～3 千克,傍晚撒在田间诱杀。也可用 90％敌百虫原药 500～800 倍液进行幼苗喷施。

6. 造桥虫　系银纹夜蛾幼虫,老熟幼虫体长 30 毫米,体绿色,头黄绿色,头小,腹粗,体背有白色纵线数条,第一、第二对腹足退化,行走时体背拱曲,幼虫白天潜伏在叶背,晚上和阴天多在叶面取食,把叶片咬成洞孔、缺刻,严重时叶肉被吃光,仅剩叶脉,5～10 月份都有危害,而以 6 月份危害最重。防治方法:用 90％晶体敌百虫 1 000 倍液进行叶面喷雾。

7. 五花虫　斜纹夜蛾幼虫,体长 4～5 厘米,体色变化较大,有黑褐色、淡灰绿色等,体背有 5 条彩色线纹,体节两侧各有 1 个近半月形黑斑。发生期、危害状以及防治方法同造桥虫。

8. 钻心虫　形如玉米螟,钻入地下根茎部危害,把根茎部吃空,致使叶片下垂,严重时可影响薄荷产量和种根质量,可用 20％氰戊菊酯乳油 5 000～6 000 倍液喷施叶面。

二十一、紫　苏

（一）概　述

紫苏［*Perilla frutescens*(L.)Britt.］俗名桂荏、赤苏、香苏、白苏、油王苏里娜等，为唇形科紫苏属1年生草本植物。原产我国。紫苏的食用部位是肥大的叶片，日本人喜欢用它包生鱼片食用，是一种出口创汇的野菜珍品。

1. 形态特征　紫苏高60～180厘米，有特异芳香。茎四棱形，紫色、绿紫色或绿色，有长柔毛，以茎节部较密。单叶对生；叶片宽卵形或圆卵形，长7～21厘米，宽4.5～16厘米，基部圆形或广楔形，先端渐尖或尾状尖，边缘具粗锯齿，两面紫色，或面青背紫，或两面绿色，上面被疏柔毛，下面脉上被贴生柔毛。花冠紫红色或粉红色至白色，雄蕊4枚，子房4裂，柱头2裂。小坚果近球形，棕褐色或灰白色。

2. 生态习性与分布　紫苏喜温暖湿润气候，适应性强，在温暖湿润、土壤疏松、肥沃、排水良好、阳光充足的环境生长旺盛，我国从南至北的广大地区均可种植。种子发芽适温为18℃～23℃，茎叶生长适温为20℃～26℃，刚出土的幼苗虽然能忍耐1℃～2℃低温，但苗期温度低生长缓慢，开花期适温为26℃～28℃。一般于12月中下旬播种，翌年3月上中旬开始采收嫩叶，6月底左右采收，单茬生长加采收期达6个月以上。紫苏再生能力强，大田管理通常可采收8～10次，每667米²产鲜嫩叶1000～1500千克。

二十一、紫 苏

目前,出口日本的主要栽培品种为卷皱大叶紫苏和卷皱小叶紫苏,两品种均表现生长整齐、叶质厚、芳香气味浓及高产、稳产等优良特性。紫苏广泛分布于亚洲东部和东南部,我国南北各省区均有栽培。

(二)种苗繁育

紫苏采用直播栽培,播种方法下述。

(三)栽培技术

1. 栽培季节 长江、黄河流域以露地栽培为主,3～4 月份育苗,4～5 月份定植,6～9 月份采收,至抽薹为止。设施栽培分为:大棚栽培 9 月份育苗,10 月份定植,翌年 2～4 月份供应,或利用大棚、中棚进行秋延后(7～8 月份播种,8～9 月份定植,10～12 月份供应)、春提前(1～2 月份播种,2～3 月份定植,4～6 月份供应)栽培。

2. 林下、荒坡地栽培技术

(1)整地施肥 紫苏虽是喜温作物,但适应性较强,我国从南到北都可种植。对土壤要求不太严格,可在各种土壤中生长。在疏松肥沃的土地上生长更旺盛且产量高。如果土地贫瘠时,应施入较多的基肥。一般每 667 米^2 施饼肥 40 千克、硫酸铵 20 千克、过磷酸钙 35 千克。

(2)播种、移栽 紫苏可直播,也可育苗移栽。直播一般于终霜前播种,播种方法为撒播、条播或穴播。由于紫苏种子休眠期长达 120 天,故新种子可放在 3℃低温下处理 5 天,并用 100 毫克/千克赤霉素处理,以利于种子发芽。出苗后,按 30 厘米的行距间苗,株距 3 厘米。定植苗龄不宜过大,出苗 15 天左右定植为好,成活率高,种子产量也高。定植时每穴1株,适宜密度为株行距均为30厘米,即每667米^{2}栽5 000～7 000株为宜。栽后及时浇水。

(3)田间管理

①浇水、追肥　定植初期要及时中耕除草,以利于缓苗发根。紫苏苗期生长缓慢,难以与杂草竞争,必须除草。进入6月份以后,紫苏开始旺盛生长,需要较多的养分和水分,应适当灌水,保持土壤湿润,并追施速效氮肥2次,每次15千克尿素、10千克磷酸二铵,可有效地提高产量。

②摘心　紫苏分枝性极强,平均每株分枝数达25～30个,如以采收种子为目的,若上部冠层过茂,茎叶消耗营养大,影响营养物质向籽粒运输,因此应适当地摘除部分茎尖和叶片。如以收获嫩茎叶为目的,则可摘除已进行花芽分化的顶端,使之不开花,维持茎叶旺盛生长。

3. 日光温室反季节栽培技术

(1)营养土配制　按5：4：1的比例将菜园土、锯末、腐熟的圈粪混拌均匀,喷淋1.5%多抗霉素可湿性粉剂和40%辛硫磷乳油1 000倍液,混匀后用薄膜覆盖密封3～5天,中间翻堆1次。

(2)播种　8月上中旬将当年新种子直接播种于装有营养土的育苗盘内,上面覆盖细碎的营养土,以看不到种子为宜。然后淋水,再于表面覆盖地膜,适当遮阳,保持25℃左右的温度和湿润的表土环境,开始出苗后马上去掉地膜,每天淋水保湿。

(3)苗期管理　开花结果严重影响紫苏叶的产量和质量,由于紫苏在苗期便可通过花芽分化,所以在生产中应设法避免其开花结果,最有效的方法是采取补充光照的方法来抑制花芽分化。齐苗后第十天开始连续补充光照,每天保证16小时的光照,一般每天从17～24时补光。苗期保持25℃左右的温度和80%左右的相对湿度,定期喷洒50%多菌灵可湿性粉剂800倍液、2%多抗霉素可湿性粉剂500倍液、40%辛硫磷乳油1 000倍液防治病虫害。

二十一、紫　苏

苗龄一般为 30 天,壮苗标准为:株高 15 厘米左右,茎粗 0.8 厘米以上,不少于 10 片叶,健壮无病。

(4)温室准备　由于紫苏株高可达 2 米,要求温室高度应大于 3 米。另外,日光温室要有良好的保温效果,同时通电通水条件齐全。

(5)温室消毒　由于紫苏以鲜叶为食用部分,为减少病虫害发生和危害,降低农药使用量,对用来栽植紫苏的日光温室要进行整体消毒处理。土壤消毒采用太阳能消毒法,时间为 6～7 月份。每 667 米² 地块撒施 1 000 千克麦秸和 4 000～5 000 千克圈粪,再撒施 100 千克石灰氮,旋耕 3 遍,做成面宽 30 厘米、沟底宽 30 厘米、高 25 厘米的高畦,灌足水,盖上地膜和棚膜,高温高湿闷棚 30 天,可将残存在土壤中的病原体、虫卵及草籽全部杀死。在去除消毒用的棚膜前,在温室内用高锰酸钾和甲醛熏蒸,进行墙壁及拱杆消毒。

(6)整地及栽苗前准备　日光温室消毒后再旋耕 2 遍,晾晒 1 周,然后做高畦,畦面宽 50 厘米,畦沟底宽 30 厘米,畦高 20 厘米,两畦中心距离为 1 米。畦面铺好滴灌管,同时,安装 18 瓦节能灯补光,两灯间距为 2 米,灯距离紫苏植株高度 1 米。

(7)秧苗栽植　在保定地区,秧苗定植时间为 9 月中下旬,秧苗为苗龄 30 天的壮苗,高畦双行定植,行距 40 厘米,株距 17 厘米,定植后马上滴灌浇水,并于每天 17～24 时补光。

(8)田间管理　定植后,正值 9 月份高温季节,土壤蒸发量大,要加盖遮阳网,为保持土壤湿度,每天要滴灌 30 分钟。定植成活后马上中耕除草,然后盖上黑地膜,并破膜提苗。要根据天气情况扣棚膜,在保定地区扣棚时间为 10 月底前后,盖膜前再用消毒剂对室内地面、墙壁、门、拱杆、电线进行彻底消毒,消毒后马上盖棚膜,留上下通风口,通风口用防虫网封好。在温室门口铺设生石灰隔离带,11 月中旬开始,夜间加盖保温被。栽培期间,通过放风和保温调节室内温湿度,一般白天适温 25℃ 左右,夜间适温 15℃ 左右,适宜空气相对湿度为 80% 左右。根据土壤湿度适时浇水,每 20 天追施 1 次三元复合肥,每次 5 千克。每天补充光照,进入 11 月份补光时间调整为 16:30～24:00,以每天不低于 16 小时光照为原则。每周喷施 1 次生物性药剂,预防病虫害发生和危害,如叶面喷施能分解虫卵及真菌孢子体壁的甲壳素、苏云金杆菌和 2% 多抗霉素可湿性粉剂 500 倍液等。紫苏要及时摘心,保留前期不同方向生长的 3 个健康侧芽培养成侧枝,其余侧芽全部摘除,以免消耗养分。当侧枝 7～8 片叶时也要及时摘心,促进分枝生长和防止植株进入生殖生长,以提高叶片产量和质量。平时管理要随时摘除老叶、黄叶、病叶及畸形叶片,以减少养分损失和减轻病害发生。

4. 塑料大棚反季节栽培技术 紫苏可直播也可育苗移栽。大棚紫苏在 10 月中下旬播种,可条播也可穴播。出苗后按株距和行距均为 15～20 厘米间苗或定苗。采用育苗移栽,在苗床撒播种子后,当幼苗长有 1～2 片真叶时进行间苗,株距和行距均为 3～4 厘米。出苗后 15～20 天进行定植,株距和行距均为 15～20 厘米,即每棚可栽 2 500～3 000 株,栽后及时浇水。

(1)苗床准备 紫苏育苗应在专用苗棚内,苗棚进出口、通风口设防虫网。苗床用地应先挖宽 90～120 厘米、长 10 米、深 40 厘米的长沟,四周和沟底用砖垒砌和铺平,然后抹上水泥固定。填土时,苗床底层先填 20 厘米厚的优质肥沃、无病虫的园土,然后将草炭 4 份、园土 6 份配成的营养土搅拌均匀铺在上层,厚度为 10 厘米,整平待用。

(2)播种及苗床管理 播种前先用清水将种子在室温下浸泡 24～48 小时,然后用湿毛巾包好催芽。经过 1～2 天种子大部分露白后,即可播种。播种量为每平方米 1.5～2 克。播种时,苗床先用苇箔盖上淋透水,水渗后将种子用少量细土拌匀,均匀撒于池

二十一、紫　苏

面,然后用木板稍微镇压一下,再覆细草炭,厚度以刚盖住种子为宜。播后盖上苇箔保持床面湿润,床土相对含水量在90%以上。

(3)分苗　当小苗长至2对真叶时,开始分苗,将苗移栽到穴盘上,继续培养成苗。穴盘基质为草炭3份、蛭石7份混合而成。当苗长出6～8片真叶、苗高10～15厘米时即可定植。并用75%百菌清可湿性粉剂1 000倍液,或50%代森锰锌可湿性粉剂800倍液喷雾消毒。

(4)温湿度控制　育苗期间,棚内温度应保持在16℃～28℃,温度超过25℃时,应及时通风降温,夜间温度低于10℃,则要开暖炉加温。空气相对湿度应保持在60%～70%,湿度过小时应喷水增湿,湿度过大时应通风降湿。

(5)定植　定植前应先施肥整地,每667米^{2}基施土杂肥5 000千克、有机生物肥200千克、复合肥50千克,混合撒入地面。施肥后,土壤深翻20～35厘米,然后耙平起垄。垄高15～20厘米,垄宽80厘米,沟宽40厘米,垄上铺设喷灌或滴灌塑料管,每垄2根。起垄完成后,关闭大棚进行高温闷棚48小时。定植前先浇水,但不宜过多,以不粘定植铲为宜。

(6)大棚管理

①肥水管理　紫苏在棚内生长是一个从高温到低温的生长过程,前期生长较快,但杂草生长同样快。因此,必须及时除草,并追施一定数量的速效肥。当紫苏长有2～3片真叶时,每棚施尿素1.5～2.5千克,并叶面喷施0.1%磷酸二氢钾液2次。

②摘心　紫苏分枝性强,平均每株分枝在15个以上。冬季大棚紫苏一般以收获嫩叶为主,因此可摘除已完成花芽分化的顶端,以维持茎叶旺盛生长。

③棚膜管理　10月中下旬至11月上中旬,大棚两头膜昼开夜关,以开为主;11下旬至12月上旬,根据天气情况和气温变化,大棚两头膜以关为主,适当通风换气;12月下旬至收获期,以保温

防冻为主。如遇强低温天气，棚内可加盖小拱棚，但晴天中午仍应
注意通风换气。

（四）采收与加工

1. 采收 食用嫩茎叶者，可随时采摘，或分批收割。紫苏叶
质量标准要求很高，叶片宽度在5～8厘米，分大、中、小3个等级，
要求叶片不带有任何有毒有害物质，无虫卵、无病斑，叶片要完整、
无畸形、有光泽、无机械伤害等。因此，在采收期，一般每天上午由
有经验的专业人员戴手套，用专业工具采收叶片，经专职人员验收
合格后送保鲜库（温度3℃～7℃，空气相对湿度80%）保存。出口
紫苏要求分级包装，经精检，去除不合格叶片，再按叶片大小分级，
每10张叶用橡皮圈扎成1束，每5束合格产品包装编号后再送保
鲜库，准备出口。产品运输要由清洁卫生的专用保鲜车运送。采
收种子时，应在40%～50%成熟度时一次性收割，在准备好的场
地晾晒3～4天脱粒。如不及时采收，紫苏种子极易自然脱落。

2. 加工 全株收获后直接晒干，即成全紫苏；摘下叶片，除去
杂质，晒干，称苏叶；打下种子，除去杂质，晒干，称苏子；无叶的茎
枝，趁鲜切片，晒干，称苏梗。紫苏腌制产品色泽好，口感好，无涩
味，是理想的调味品。下面详细介绍紫苏腌制的过程。

（1）原料、辅料

①原料 紫苏原料要求叶面新鲜，不得萎蔫，颜色深绿色或紫
色。无老黄叶、枯叶、虫咬叶及带有虫卵叶。

②辅料 食盐、梅醋（或白醋）均为食用级。

（2）工艺流程 原料采收→摘叶→清洗→沥水→踩压→浸泡
→装袋称重→脱水称重→拌盐→倒池加醋→封口加石→腌制→包
装→贮藏→装柜出货。现作详细介绍。

①原料采收 紫苏原料要求适时采收，防止叶面萎蔫，采后要

及时送到车间加工,对于无法立即加工的原料,要入低温库贮存,温度 0℃~5℃,空气相对湿度 90%~95%,存放时间以不超过 12 小时为宜。

②摘叶　先将紫苏株上的老黄叶、枯死叶、虫卵较密集且面积较大的次品叶摘去放入次品筐中,对于有虫卵及蜘蛛网面积较小的,将此部分摘除后和正品叶一同放入正品周转筐内。此步骤中不良品必须控制在 1% 以内,同时严格控制夹杂物。

③清洗　将摘好的叶片放入不锈钢池中清洗,每 10 筐 1 组,分 3 级清洗,要求洗净泥杂,挑净虫子等杂物,每组清洗完后要观察水面。若水不清澈,或虫子较多,则要换水。在清洗过程中,1~2 级清洗要求用手轻轻地揉搓,以利于去除晦汁,降低涩味。

④沥水　将洗净后的叶片叶面水沥干净,以利于下道工序踩压时能将晦汁去除干净,减少涩味。具体操作是将第三级清洗后的叶片用手挤干水分即可。

⑤踩压　踩压是加工中的关键,其目的是去净晦汁,降低成品涩味,保证产品正常风味。具体要求:半成品每池以 350 千克为宜。踩压过程中,翻动 3~5 次,以确保整池踩压适度。工人以 3 名为宜,要求穿戴整齐,水靴洗净消毒。踩压的时间以紫苏叶面颜色发深,出现揉搓网络,以踩后较结实为宜,一般 3 名工人踩 15 分钟即可。

⑥浸泡　将踩压后的紫苏放到盛满清水的不锈钢池中浸泡 1 小时,浸泡前要尽量将踩压后的紫苏揉散,以利于更好地去除涩味。

⑦装袋称重　将浸泡好的紫苏捞出装入网袋,并记下重量。

⑧脱水称重　利用压榨机进行脱水,脱水度以 40% 为宜,称重并记录压榨后的实际重量。

⑨拌盐　将压榨称重后的紫苏放在干净的不锈钢池中拌盐。食盐重量为压榨后紫苏重量的 30%,拌盐中按"层菜层盐"原则操

作,并不停地揉搓,确保拌盐均匀。

⑩倒池加醋　在干净的水缸或不锈钢池中,内衬一只干净、不漏气、厚22微米以上的聚乙烯塑料袋。先加入20升梅醋,然后将拌好盐的紫苏倒入其中,最后将剩余的梅醋均匀地撒在紫苏表层。梅醋加入量为压榨后紫苏重量的20%(此处梅醋浓度为3.5%,若浓度为10%的白醋,则用1升白醋加2.8升冷开水配制代替梅醋)。

⑪封口加石　将塑料袋对折封口,上压木板,木板上加重石,以压出汁水为宜。然后到第二天观察,汁水漫过紫苏即可。若没漫过,则添加30%的盐水到漫过紫苏为宜。

⑫腌制　腌制在通风、阴凉、阳光不宜照射的地方,温度以20℃为宜,1个月后即可出货。出货时,要求将漫过盖板上面的脏卤去掉。

⑬包装　经腌制好的紫苏装入软塑料桶中,每桶净重25千克,然后加满饱和盐水。

⑭贮藏　不能及时出货的产品,贴上标签,入库贮存,温度控制5℃左右。

⑮装柜出货　装柜前按照顺序排成规定的方向,每柜装540件,不需冷藏柜运输。

(3)质量标准　色泽:呈茶褐色或紫褐色;风味:具有本品种特有的滋味和气味,无涩味、异味;组织形态:组织良好,展开后叶形完整,无病虫害;包装:每桶25千克,加满饱和盐水;杂质:不允许存在;卫生:符合食品卫生要求,适于人类食用;盐度:20%。

(4)注意事项　原料要洗干净,腌制容器要消毒,腌制场所保持清洁卫生。清洗过程揉搓,其主要作用是使紫苏表皮组织及质地适当破坏,促进可溶性物质外渗,一方面加速发酵作用进行;另一方面有利于去除不利味道。辅料应该纯净,所用水应是微碱性,水的硬度一般在12～16,这种水配制成的盐液使蔬菜质地紧密、脆,有利于绿色保存,并能降低产品水分,使其具有更好的风味。

(五)病虫害防治

紫苏生长过程中,有时发生白粉病、锈病等,可用50％硫菌灵可湿性粉剂1 500倍液进行喷雾,连续2次。防治虫害可用20％氰戊菊酯乳油1 500～2 000倍液,或80％敌敌畏乳油1 500倍液喷杀。

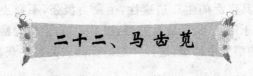

二十二、马齿苋

（一）概　述

马齿苋（*Portulaca oleracea* Linn.）俗名长寿菜、五行草、马齿菜、马食菜、马蜂菜、瓜子菜、晒不死等，为马齿苋科马齿苋属1年生肉质草本植物。马齿苋长期食用具有滋补、强身、防病、治病、健身养颜之功效，达到延年益寿、减少疾病发生、增加人体免疫功能的良好效果。马齿苋富含去甲肾上腺素，具有促进胰岛素分泌功能，对糖尿病有极高的食疗作用。

1. 形态特征　马齿苋属1年生肉质草本植物，须根系，多分布于5～15厘米的浅土层中。茎平卧或斜向上生长，由基部分枝，圆柱状，长达30厘米，淡绿色，阳面常褐红色，光滑无毛，多分枝。叶倒卵形，互生或对生，叶柄极短，叶片肥厚而柔软，全缘，长1～3厘米，宽0.5～1.4厘米，茎叶多汁。花3～5朵簇生枝顶叶腋，在枝端开放，花瓣5枚，淡黄色，完全花，雌蕊1枚，雄蕊8～12枚，子房下位，1室，花期6～8月份。蒴果，圆锥形，内藏多粒细小种子，成熟后自然开盖散出。果期7～9月份，种子黑褐色，肾状卵形，表面有小瘤状突起。开花后25～30天，蒴果（种壳）呈黄色时，种子即已成熟，应及时采收，防止种子散落。

2. 生态习性与分布　马齿苋的枝叶10℃以上就可以生长，最适生长温度为20℃～30℃，种子的发芽温度要求稍高，15℃以下发芽生长缓慢，18℃以上发芽生长速度加快；种子寿命2～4年，故隔年籽可以播种。马齿苋喜高温、高湿、耐旱耐涝,既有向阳性,又有耐阴性,具广泛的生态适应性,生命力极强,不择土壤,耐肥耐瘠,常生长于田间、荒芜地及路旁,极易栽培,但作为蔬菜栽培,宜在较肥沃的壤土中种植,这样才能确保品质柔嫩并获得较好的产量。

马齿苋分布于世界温带和热带地区,我国广泛分布。

(二)种苗繁育

1. 种子繁殖 春季播种,育苗移植或直播。苗床要精耕细耙,平整细碎,浇透底水然后播种,可条播或撒播,播种后覆土厚度以盖住种子为度。出苗前要保持田间温湿度,但不宜灌水或浇水,否则造成土壤板结,影响种子发芽出土。一般需 10 余天才能出苗,出苗后及时间去过密苗,使苗间距起码有 4 厘米,或进行分苗,分苗株距 5 厘米,4~5 片真叶时定植。

2. 扦插繁殖 一年四季均可进行,而以春季最好,选阴雨天进行扦插,成活率高。选采壮苗,及时扦插。目前,马齿苋的人工栽培刚刚起步,所需的种子还很难买到。因此,只好于春末夏初从野生苗发枝多、长势旺的强壮植株上选采插穗,注意每段要留 3~5 个节,插穗入土 3 厘米左右,行株距 10 厘米×25 厘米。最好选阴雨天扦插,如晴天扦插,应在下午 4 时左右,插后采取遮阳措施。若土壤缺水,傍晚还要浇水,直至活棵。注意在田边地脚插稠些(行株距 5 厘米×3 厘米),以备缺苗补栽之用。

(三)栽培技术

1. 林下、荒坡地栽培技术

(1)栽培季节 在我国马齿苋多以春夏季节到田野采野生种

之茎叶供食为主。若人工栽培,应在气温达 20℃以上时播种。因此,各地栽培季节差异很大。华南地区 2 月下旬播种,陆续采收到 11 月份;华中地区春季于 4 月下旬播种;华北地区露地栽培于 5 月上中旬播种。

(2)播种或栽植 马齿苋喜温暖,一般在春季无霜后露地直播,也可以保护地育苗,晚霜后移栽露地,提早采收。马齿苋种子细小,故要精细整地,每 667 米² 施腐熟堆厩肥 2 000 千克,耕翻深 15 厘米,打碎土块,畦面达到平、松、软、细的要求,做宽 1 米的畦,沟宽 40 厘米。畦面开 21～24 厘米宽的 2 条播种浅沟,条播。为使播种密度均匀,用细沙拌种子体积增至 100 倍,再播种。因种子易掉入土壤孔隙中,播后仅需轻耙表土,无须再行覆土。若土壤干燥,则用洒水壶喷湿畦面即可。播后 20 天,当苗高 15 厘米左右时,开始间拔幼苗供食或移栽,使株距保持 9～10 厘米,让苗继续生长。播种方法也可采用撒播。因茎匍匐向四周生长,所以种植密度不要太大。等苗长出后要不断间苗。

(3)田间管理

①温湿度管理 在温度管理上,播种或移栽后温度可适当提高,白天保持 25℃～30℃,夜间保持 8℃以上。出苗或缓苗后适当降低温度,白天保持在 20℃～25℃,夜间保持在 5℃以上。在水分管理上,经常保持土壤湿润,浇水在晴天的上午进行,以浇湿畦面为度,当外界温度升高后,可进行大水漫灌。

②中耕除草 田间直播的播种后待幼苗高 1～3 厘米即可进行第一次除草,除草后培土、淋灌,以促进根系发育和幼苗生长。

③田间补苗 田间直播的苗高 3 厘米左右开始间苗,苗高达 5 厘米时按株距 10 厘米左右定苗。每穴留苗 2 株。补苗不要伤根,不能过迟,宜选阴雨天气补苗。

④追肥 在生长旺季以前,可适当追施腐熟、稀薄的人粪尿促进其旺盛生长。注意不要追施尿素,以免植株老化。追肥以氮肥

为主,播种出苗后进行第一次追肥,用1:1.5的稀尿粪水或每50升水加硫酸铵100克。以后每隔10天施肥1次,在封行前重施1次有机肥。

⑤摘蕾 6月份前后,马齿苋先后进入结籽期,应及早将花蕾摘除,以保证产量并提高品质。如果要在原地连续栽培,也可保留部分花蕾使其开花结子落入地中,翌年春天即可萌发。

2. 反季节栽培技术 马齿苋多生长在气候温暖湿润,土壤疏松肥沃,排水良好的山坡、山脚湿地、田边及沟旁等处,故在反季节栽培中应模拟自然条件进行栽培。利用温室和大中小拱棚,结合露地生产,基本可以实现周年生产。在品种选择上,选用大叶型、茎秆粗、肉质厚、质量好的品种。

(1)冬季日光温室反季节栽培技术

①整地与施肥 结合翻耕,每667米^{2}施腐熟农家肥2 000千克,整平耙细,按南北向做成宽1.0~1.2米畦,畦间留0.3~0.4米作业道。

②播种 日光温室栽培马齿苋一般根据市场需求确定播种时间,在7月份至9月中旬采集种子,直播或育苗移植,在日光温室内一次播种或移栽,多次收获。

育苗移栽:苗床通过精细整地后进行播种,将种子拌细沙或草木灰,均匀地撒入畦面,用竹扫帚轻轻拍打畦面,使种子与畦面紧密接触,最后畦面盖草或地膜,保温保湿。出苗后揭去覆盖物,进行松土、除草和追肥。当苗高3.5~4.5厘米时,选择根系发达的幼苗,按10厘米×15厘米的株行距进行移栽,每穴3株。栽后浇足水,保持土壤湿润,利于成活。

直播:顺畦按行距15~20厘米开浅沟,沟深1~1.5厘米,将种子拌细沙均匀地撒入沟内,覆土1厘米,稍加镇压,土壤过干需浇透水,每667米^{2}用种量0.5千克;在畦上按株距10厘米开穴,穴深1~3厘米,开大穴,穴底要求平整,将种子均匀地播入穴内,覆土 1 厘米,稍镇压即可。

③田间管理　一般在 9 月下旬扣棚,白天保持 25℃～28℃,晚间一般在 10℃～13℃。当幼苗长至 2～3 厘米高时,适当降低温度,防止徒长,以促进根系发育,茎粗叶厚。在苗高 3～5 厘米时进行松土,并拔除杂草,每 667 米² 施稀薄人畜粪水 1 000～1 500千克。间隔 10～15 天叶面喷施叶面肥。浇水本着不干不浇的原则,切忌大水漫灌,浇水后及时放风,温室内空气相对湿度保持在75%～85%。当马齿苋长至 10～15 厘米时即可采收。

(2)塑料大中棚反季节栽培技术　在东北地区利用塑料大中棚生产,可以达到春提早、秋延迟生产的目的,春季提早和秋季延迟 1～1.5 个月及以上;在华北及西北地区可春提早至 3 月份,秋延迟至 11 月份;在华南地区可以进行越冬生产。

①扣棚及整地　大中棚栽培马齿苋,于头年冬天上冻前将地平整好,支好骨架,并挖好压膜的沟,翌春播种前 20 天左右将棚扣好烤地,同时施优质有机肥 2 000 千克,施肥地深翻 30 厘米左右,并将粪土混匀。

②播种时期　播种时期为 3 月下旬至 4 月上旬,当室内 10 厘米地温稳定在 8℃时可进行播种。播种后如果是单层膜覆盖,最低气温要稳定在 10℃时才能播种;若播种后采用双层膜(大中棚外加内扣小扣棚)覆盖,可在 5℃时播种。播种时最好选在寒潮的尾期、暖潮刚来时的晴天上午进行,播种后有几个晴好天气有利于地温的回升,促进出苗。大中棚多采平畦撒播或条播的栽培方式,播种后为促进地温的回升,最好采用地膜覆盖的方式。

③播种后的管理　播种后立即闭棚提高温度,温度低时在棚内要临时搭设小拱棚,当棚内气温达 40℃时也不必放风,尽量白天积蓄较多的热量。如果夜间温度低,要在棚的四周围草苫以进行保温。其他管理如温度、肥水等与露地栽培基本相同。当外界气温升高,小拱棚栽培要去掉薄膜进入露地管理阶段,大中棚栽培

要在最低气温在 15℃ 时进行昼夜通风。当气温逐渐回升进入高温期，要将棚顶部的塑料卷到肩部固定，并撤掉四周的围裙，利用顶部的塑料进行遮阳栽培。高温期要加强肥水管理，进入中秋，当夜温降至 15℃ 时，要将围裙上好，并将顶部塑料放下，进行秋延后生产，直到上冻为止。

（3）塑料小拱棚反季节栽培技术　利用塑料小拱棚进行反季节栽培可以达到提早上市的目的，可比露地栽培提早 1 个月左右。当最低外界气温在 0℃ 以上，地表化冻达 10 厘米时即可整地播种。选择地势平坦、向阳、背风的地块，整地、施肥、做畦、播种和露地栽培相同，播种后地面覆盖地膜，插上骨架，覆盖塑料薄膜做成小拱棚。有条件的可以在小拱棚外覆盖草苫等覆盖物进行保温，白天撤掉覆盖物提高温度，夜晚再盖上，当有 50% 左右出苗时去掉地膜。春天温度低，马齿苋生长速度慢，时间长，在 6 片真叶前只要保持土壤湿润（底墒充足）即可，基本不用浇水。如果播种时土壤墒情不好，可在晴天的上午用喷壶浇少量水，切忌大水漫灌。6 片真叶后生长速度加快，随着外界温度的升高，白天可适当放风。放风时宜在小拱棚的顶部开风口，切忌在小拱棚的底部扒缝放扫地风。外界最低气温达到 10℃ 以上时，可以去掉外保温覆盖材料。马齿苋长到 15 厘米左右，即 8～9 片真叶时即可采收。第一次间拔采收，苗间距 8～10 厘米。以后采收方法与露地相同。

（四）采收与加工

1. 采收　马齿苋商品菜采收标准为开花前 10～15 厘米长的嫩枝，因此在现蕾前，可分期分批地采摘其肉嫩茎叶，及时供应市场。采收时，在采收处的下部留取 2～3 节，腋芽继续生长，以后陆续采收。现蕾后应不断摘除顶尖，促进营养生长，保持肉嫩品质，继续分期分批采摘。开花后，茎叶变老，人不能食用，可用作饲料。

2. 加工 马齿苋多以鲜食为主,加工的产品还有待于开发,有少数加工成干制品。方法是将鲜马齿苋采摘后洗净,放蒸锅内蒸,当茎叶变软时取出晾凉、晾晒。晒干后备用,食用时用水浸泡回煮,洗净调味后即可食用。

（五）病虫害防治

马齿苋在生长期间,几乎没有虫害,病害也很少发生,主要有少量的白粉病,可用 20％三唑酮乳油 2 000 倍液喷雾防治。

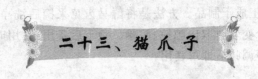

二十三、猫爪子

（一）概　述

猫爪子（*Thalictrum minus* L.）又名唐松草、展枝唐松草、腾唐松草，俗名猫爪菜，为毛茛科唐松草属多年生草本植物。其春季萌发出土的嫩茎叶为食用部分，味道鲜美，风味独特，是适于林下和保护地栽培的野菜珍品。

1. 形态特征　猫爪子的根为宿根，须根系，丛生，根质较脆，根系生长密集，数目多，生长年限越多，其根系越发达。根系黑色或黑褐色，入土较深，深度在 40～50 厘米。根系在土壤中分布直径 30～40 厘米，根的长度在 30～50 厘米。茎为圆柱形、直立、实心，有分枝但分枝较少，茎秆光滑，有纵向条纹，全株无毛，主茎高度在 30～50 厘米。茎基部的直径为 1.5～2 厘米。叶有 2 种，即茎生叶和顶生叶。茎生叶集中于茎的下部及中部，具有短柄，三至四回三出羽状复叶，叶长 1～3.5 厘米，宽 1～3 厘米，小叶有短柄或无柄。顶生叶较小，叶柄较长，小叶片倒卵形，基部圆状楔形或楔形，顶端较尖或钝，常 3 浅裂，裂片全缘或具 2～3 齿。叶正面绿色，背面浅绿或浅白色，叶脉稍隆起，近革质。猫爪子花序为伞状花序，生于茎顶部，多分枝，花小，无花瓣，数目较多，花梗下垂，浅黄色，花萼白绿色，花期 6～7 月份，瘦果无梗，卵状椭圆形或卵形。纵肋明显，长 2～4 毫米，果期 7～8 月份，种子成熟期 8 月下旬至9 月份。

2. 生态习性及分布 猫爪子喜生长在温和的环境中,对土壤要求不严格,耐瘠薄,耐干旱,属喜光植物,大多生长于光照条件较好的山坡林缘处,疏林下,山坡上,灌木丛中,林间草地,荒山沙地,沙丘等处。

猫爪子主要分布在我国北方地区,其中以辽宁、吉林、黑龙江、河南、河北、北京、天津等地分布较多,在华中地区和西南地区的四川等省也有分布。

(二)种苗繁育

猫爪子是宿根多年生草本植物,在生产上进行种苗繁育时多采用种子繁殖和根茎无性繁殖。

1. 种子繁殖 采用种子繁殖,繁殖系数大,但生产时间较长。当年播种所产生的幼苗,因其生长速度慢,不能作为商品出售,只能当种苗使用。

(1)种子的采集与保管 猫爪子在山中零散分布,种子成熟期在8月下旬至9月份,且极易脱落,应及时采集。采收时,将结有种子的花枝一同采下放入布袋中,在阳光下晒干,然后用木棍轻轻敲打,种子脱落,收集起来,清除杂质,放在通风干燥处保存备用。

(2)幼苗的培育 培育优质壮苗是栽培成功的关键,若想培育出优质壮苗主要有以下几方面的技术环节。

①育苗方式 有保护地育苗和露地育苗2种方式。

②播种时间 在露地育苗播种时间是由外界温度决定的,因种子萌发时的适宜温度为20℃～25℃,越早越好。采用日光温室、大中小拱棚育苗可以提早进行生产。利用日光温室育苗,当年采的种子采后即可播种,播种期为9月中下旬,翌年春季定植于温室或大中小拱棚。利用拱棚育苗,其播种期为3月下旬至4月上旬,秋季定植于温室或大中小拱棚中,比日光温室育苗晚半年。露

地育苗的播种期为4月下旬至5月上旬。

③选地做床 猫爪子喜生长在温和的环境中,大多生长在山坡林缘处,疏林下,山坡上,灌木丛中,林间草地,荒山沙地、沙丘等处。对土壤要求不严格,耐瘠薄,耐干旱,一般的土壤条件均可生长发育,沙壤土、黄泥土、褐色土均可,土质以疏松为宜。土壤酸碱度以中性和微酸性为宜。土质疏松肥沃、腐殖质含量较高的沙壤土最适宜其生长。

在露地育苗,选择土质疏松、肥沃、排水良好的地块作种苗的培育田,清除杂物,在地表铺施腐熟优质农家肥,每667米^{2}用量在3 500~4 000千克,深翻、耙平。为提高种植密度,多采用畦作的方式,苗床走向依地势而定。床宽为1.2~1.5米,埂宽30厘米左右。保护地育苗多为平畦,露地播种为半高畦或高畦。畦高8~10厘米,最高20厘米。

④播种 播种方法有条播和撒播2种。苗床做好后,横着床的走向开播种沟,沟的深度为2厘米,宽度为6~8厘米。将种子均匀撒入沟内,踩实,耙平地面,扣上地膜,以保温保湿。每667米^{2}用种量为1.5~2千克。撒播方法是:苗床做好后,先在畦面浇足底水,水量以表层土以下8~10厘米处达到饱和为度。然后将种子均匀撒在畦面上,稍加镇压,使种子与土壤紧密结合,然后覆上细干土,覆土厚度为1~1.5厘米,撒播的用种量比条播稍大,每667米^{2}用种量约为2.5千克左右。

⑤肥水管理 猫爪子根系发达,具有较强的耐旱能力,但充足的肥水供给可促使植株旺盛生长。在肥水管理上遵从以下原则:从播种到幼苗时期营养体小,对水分需求量不大,土壤相对湿度以30%~40%为宜。但从播种到出苗这一时期较充足的水分有利于种子萌发出土,所以这一时期要经常浇水,始终保持床土湿润。浇水要小水勤浇,不可大水漫灌。在温度、光照等条件适宜的情况下,播种后7~10天即可萌发出土。幼苗出土后,用水量以土壤不

干不旱为原则。植株长到1～2片真叶时,适当炼苗。3片真叶后水分管理以"见干见湿"为原则,"见干"时地表向下1～2厘米处土层干燥。"见湿"时浇水要浇透。成苗时期较耐旱,可适当控制水分,促进根系发育。在定植前1个月,控制浇水,进行炼苗。定植前1天浇透水,以利起苗时少伤根系。猫爪子喜肥耐肥,在不同的生长阶段对肥料要求不同。在幼苗时期对氮肥需求量多,成苗期对钾肥和磷肥需求量较大,开花和结果期对钾肥的需求量达到高峰。应根据不同生长阶段合理施肥,促进植株旺盛生长。育苗期间的追肥一般分2次进行,第一次追肥是在幼苗长出2～3片真叶时进行,可用稀释的人畜粪水浇于床上,第二次追肥在幼苗长到5～6厘米高时进行,肥量略大于第一次。

⑥间苗　间苗要及时,以免大苗欺小苗。间苗分2次,第一次在幼苗长到3～4厘米时进行,苗间距3～4厘米。第二次在幼苗长到6～8厘米时进行,苗间距保持在8～10厘米。每次间苗前要浇足水分,以免间苗时伤到保留苗的根系。间苗后也要喷水,增加床土密度,防止根系通风透气而导致死亡。

⑦中耕除草　种子播种后到定植前,一些杂草也相继长出,要及时清除,以免杂草欺苗,影响秧苗的生长。做到小草勤拔,拔草同时进行中耕松土。

⑧遮光　猫爪子属喜光植物,大多生长于光照条件较好的向阳处。但幼苗时期光照不宜过强,否则会使得幼茎生长细弱、瘦小。在幼苗期应采取一定遮光措施,可在育苗畦上搭凉棚以遮阴。另一个简单的办法是在畦上每隔一定距离插上带叶的树枝,幼苗长大便可拔掉。

若在日光温室中育苗,育苗时间在秋季,种子采收后即可播种,时间在9月中下旬至10月上旬,此时温度、光照较好,应注意防雨水,防土壤板结。可在苗床上搭防水棚。生长中后期注意保温。气温降至10℃时扣膜,温度保持在12℃～22℃,以促进秧苗健壮生长。降至 5℃ 时夜间增加保温覆盖,整个冬季白天温度保持在 15℃～25℃,夜间在 10℃ 以上。翌年 3～4 月份可间拔收获,也可以为大中小拱棚生产提供种苗,5 月份可为露地栽培提供种苗。其他播种管理与露地相同。

大中小拱棚育苗时间是春季 3～4 月份,应在播种前 20 天左右扣棚暖地,此时的管理主要是前期增温保墒促进出苗。播种后温度保持在白天 25℃～30℃,夜间在 10℃ 以上,促进出苗。出苗后适当降低温度,白天 20℃～25℃,夜间 10℃ 以上,防止秧苗徒长。当气温升至 10℃ 左右时昼夜放风,15℃ 以上时可撤掉薄膜进入自然生长阶段。其他管理与露地相同。

(3)根系无性繁殖 采用根系无性繁殖,成活率高,生长速度较快,但繁殖系数低,若大面积生产仍需采用种子繁殖。根系无性繁殖在春、夏、秋三季均可进行,但以春秋两季较好,方法是挖取野生猫爪子的根茎,分成若干个小段,但要保证每个分出的根茎有 1～2 个隐芽,随分随栽,保证成活率。用无性根系可以在大田上直接进行定植、生产,但需要的种根数量庞大,很难满足要求,只能小面积栽培。

(三)栽培技术

1. 林下、荒坡地栽培技术 利用林下、荒坡地栽培猫爪子,因其对土壤要求不严格,选择土质肥沃、疏松、通透性好、黏性适中、排水良好的地块,或疏林边缘,荒山、荒地皆可栽植。定植时间可以在春秋两季进行。

(1)定植 一般采用穴位定植。首先将所定植的场地清理干净,清除穴坑四周的小灌木和杂草。穴坑的位置可根据地形和地势选择。可选择单坑单穴定植,也可选择长沟多株定植。

坑穴的深度为 8～10 厘米,将幼苗栽入坑内,盖土,踩实。如有浇灌条件可在定植后浇水,以保证比较高的成活率。

荒山上栽培猫爪子,每 667 米² 可定植 3 000～4 000 株,其产量随着生长年限的增加而增加。一般在定植后的第二年,平均每 667 米² 产量为 150～200 千克。

(2)田间管理　定植后为缓苗期,当心叶开始生长时缓苗期结束,开始进入旺盛生长期。此时注意中耕松土,以防土壤板结和杂草生长,并加强肥水管理。春季定植 50～60 天后就可以采收,如在秋季定植,时间可在 8 月下旬和 9 月上旬,让植株在缓苗后有一个适宜的时期生长,以便积累更多的营养,有利于越冬。在封冻前要在床畦上铺上树叶或稻草以进行保温防寒,第二年春天再撤掉。

(3)采收后的管理　猫爪子的采收期在 5～6 月份,进入 7 月份以后基本不再采收,此后的管理是以养根为主,要注意除草。如果要采种子,此时应追施磷、钾肥,以促进果实和种子的生长发育。

(4)第二年春季的管理　早春在土壤化冻前将地上的枯枝残叶清理干净,当土壤化冻 10～15 厘米时,可在地面撒上腐熟农家肥,结合松土,将肥料翻入地下。松土时不要损伤猫爪子的根系。视土壤墒情进行灌溉,当猫爪子长到 15 厘米以上时即可采收。猫爪子栽一年可多年采收。

2. 冬季日光温室反季节栽培技术

(1)温室栽培时间　一般在 10 月中下旬至 11 月上旬进行。在栽培前,应将温室内外的设施准备齐全。在温室内栽培猫爪子,应选用多年生的大根茎进行栽培,这样才能达到较高的产量。

(2)整地做床　先在地表施用优质腐熟农家肥,每 667 米² 施农家肥 4 000～4 500 千克,然后翻地做床畦。

(3)定植　在床畦上开深为 10～12 厘米、宽度为 20 厘米的栽植沟。将猫爪子的根茎依次摆入沟内,每个根茎中间不留空隙。

二十三、猫 爪 子

然后将挖出的土盖在根茎上,覆土厚度为 1.5～1.8 厘米。浇足水,使土质紧密,不留空隙。每平方米可栽植 150～180 株。

(4)田间管理

①温度和光照 根茎定植后到幼茎长出地表这一时期,温室内的温度控制在白天 18℃～25℃,夜间 12℃以上。在傍晚日落时应及时放下草苫等防寒物,以保持温室内部夜间的温度。在温度等条件适宜的情况下,幼茎 20～25 天即可长出地表。幼茎长出后,白天温度控制在 15℃～22℃,夜间温度在 10℃以上。在这种温度条件下生长的幼茎质地鲜嫩,茎叶肥胖粗大。如果温度过高,会导致幼茎徒长,瘦小细弱,产量低,品质差。

在根茎定植后到幼茎出土前这一时期,为提高温室内温度,应有充足的光照。当幼茎出土后,要采取必要的遮光措施,这时温室内的透光率以 50% 为宜,可采用遮阳网或草苫等遮光。冬季生产外界光照较弱,可不用遮光。到 5 月份以后,外界光照增强,要进行遮光处理。

②肥水管理 人畜粪尿等要充分发酵腐熟,追肥后要浇清水冲洗。冬季浇水时间要在晴天的上午,浇水后看室内温度,不超过 30℃可以不放风,以利于提高地温。

根茎定植后到秧苗长出前一般不需再浇水。床中的土壤以不干旱为原则。如果水量过大会降低室内温度,并诱发根腐病等病害。秧苗长出地表后应适量浇水,小水勤浇,以满足幼茎生长的需求。

追肥一般分 2 次进行,第一次追肥是在秧苗长出地表后 1 周左右进行,可用稀释的人畜粪水浇于床上;第二次追肥是当秧苗长到 8～10 厘米高时进行,施肥量略大于第一次。

③生长后期管理 日光温室栽培猫爪子的采收期可从 1 月份开始一直持续到 6 月份,采收期结束后,进入养根阶段,具体管理方法可参照露地栽培。

3. 塑料大中棚反季节栽培技术 塑料大棚内栽培猫爪子，一般在晚秋 10 月中下旬或早春 2 月份进行，这样可以避免在严寒季节里进行生产，减少生产费用，降低生产成本，经济效益较好。

（1）扣棚暖地 利用塑料大中棚生产猫爪子一般在头年将大棚的骨架搭好，翌年 2 月份扣棚暖地，3 月中下旬开始定植。

（2）定植方法与管理 大中棚生产猫爪子的定植方法与温室定植类似，春季定植主要需注意提温保墒。若秋季定植定植时间不能过晚，定植过晚，秧苗生长细弱，影响越冬成活率。其他管理参照日光温室进行。

4. 塑料小棚反季节栽培技术 在小拱棚内栽培猫爪子一般在 3 月初将猫爪子的根茎移栽到露地上，然后在畦上扣上小拱棚。栽培方法和田间管理等技术与温室栽培相同。

（四）采收与加工

1. 采收 当年定植的幼苗，由于根系发育的较小，其幼茎也较为瘦小，所以当年不宜采收。经过一年的生长和发育后，猫爪子就能达到较高的产量和较好的品质。幼茎长到 15～20 厘米高就可采收。方法是用镰刀沿地表 2～3 厘米处割下或用手将嫩茎沿地表掐掉，捆成小捆出售。露地大田、荒山栽培的猫爪子的采收时间是每年 5～6 月份。

2. 加工 猫爪子一般以鲜食为主，也可以腌制或制成干品，方法可参考"二十六、蕨菜"采收与加工部分。

（五）病虫害防治

猫爪子在栽培种尚未有病虫害发生。

二十四、苋　菜

（一）概　述

苋菜（*Amaranthus liuidus* L. sp. pl）俗名米苋、名苋、赤苋、青香苋等，为苋科苋属1年生草本植物。因我国地域辽阔，苋菜的种类很多，常见的有刺苋（学名 *Amaranthus spinosus* L.）、皱果苋（学名 *Amaranthus uiridis* L.）、反枝苋（学名 *Amaranthus retroflexus* L. sp. pl）和凹头苋（学名 *Amaranthus retroflexus* L.）。本书主要介绍凹头苋。苋菜富含铁和钙，具有较高的营养价值和保健价值，市场前景看好。

1. 形态特征　苋菜为直根系，根的颜色为粉红色与菠菜根系颜色相近，主根发达，在土壤中分布深广，吸收能力较强。茎粗大脆嫩，绿色，有纯棱或无棱，密被短柔毛，株高可达80～100厘米。叶菱状卵形，两面有柔毛，早春温度较低时叶背面浅粉色，温度高时叶正反面均为绿色，叶柄较长，叶片长4～10厘米，宽2～7厘米。花单性或两性，圆锥花序，顶生或腋生。种子近球形，棕黑色有光泽，极小，成熟后脱落，千粒重0.72克。

2. 生态习性与分布　苋菜为喜温性植物，耐热力较强，不耐寒冷。10℃以下种子发芽困难，20℃以下植株生长缓慢，生长适温为23℃～27℃。苋菜是一种短日照植物，在高温短日照条件下极易开花结籽。在保护地栽培中应注意调节温度，特别是冬季生产过程中，日照时间短，温度控制不好极易早熟抽薹开花而失去食用价值。苋菜对土壤要求不严,以偏碱性土壤生长较好,具有一定的抗旱能力,若高温干旱也会促进早熟,影响品质。耐涝能力相对较差,在排水不良的地块生长较差,商品价值不高,产量也低。种子发芽、出苗及茎叶生长均要求较湿润的环境条件,有利于控制品质和产量。

苋菜在我国各地都有分布,多生长于田间、地头、路边等地。

(二)种苗繁育

苋菜花序较大且种子较小好采集,在生产上多采用种子繁殖,留种的苋菜采用直播的方式,播种的时间可以分春秋两季。

1. 春季留种　春季留种的播种时间为 3 月中下旬至 4 月上中旬,5 月中旬剔除杂株、弱株、病株、劣株供上市。因温度逐渐升高,植株营养体生长速度快,种株间距以 25 厘米株距为宜。植株生长特别旺盛的,可以适量加大株距。6 月中下旬抽薹,7 月中旬开花,8 月中旬种子成熟。当花序变成黄白色、种子变成黑褐色时即成熟,可一次割收,晾晒采种。春季成长期长,营养体大,采种量多。

2. 秋季留种　秋季留种的播种时间为 7 月上旬,播种时温度高,出苗快,营养体生长速度快,但随着温度的逐渐下降及日照时间的缩短,营养体的生长量没有春天的大,植株抽薹早,株距和行距均保持在 15～20 厘米。8 月份剔除病残弱株上市。种株遇霜后枯死,在 10 月份即可采收种子,可一次割收,或视种子成熟度间拔收获。秋播的采种量略低于春季,每 667 米^2 可采种 70～100千克。一般从播种到种子成熟需 100～120 天。

（三）栽培技术

1. 林下、荒坡地栽培技术

（1）选地 苋菜对土壤要求不严,以偏碱性土壤生长较好,具有一定的抗旱能力,人工栽培苋菜可选择在阳坡稀疏的柞木林内。

（2）栽培季节 露地栽培时,除冬季外,其余三季都可栽种,尤以春季播种品质最好,茎叶肉嫩,抽薹开花迟;夏季播种生长期较短,茎叶较粗硬,品质略差;秋季播种因气候条件,如果管理不好易抽薹而失去食用价值。全国各地因气候差异较大,播种期各有不同。苋菜从播种到采收需30～60天,各地区可根据上市时间安排播种时间。

①东北地区 温度低,在10厘米地温达到10℃以上时即可播种,可于5月上中旬至8月中下旬播种,6月中下旬至9月中下旬采收上市。

②华北地区与西北地区 于4月下旬至9月上旬播种,5月上旬至10月上旬采收上市。

③长江中下游地区 春季可在3月下旬至4月下旬播种,5月下旬至6月中旬采收;夏季于5月上旬至7月上旬陆续播种,6月中旬至8月上旬分期采收;秋季于7月上旬至8月上旬播种,8月末至9月下旬采收。

④西南地区 于2月下旬至8月下旬播种,4月下旬至10月下旬采收。

⑤华南地区 气温较高,可于2月上旬至9月上旬播种,4～10月份采收。

（3）整地与播种 整地时施腐熟人畜粪作基肥,每667米² 春播施用量为3500千克,夏播施用量为1500千克。拌匀,深翻晒垄,耙平地面,做成1～1.2米宽的平畦。畦埂宽30厘米,踩实,便于农事操作。播种多采用撒播或条播的方式,条播间距为20～25厘米,紧贴畦埂开沟,每畦可播5～6行。开沟深5厘米,均匀撒入种子,稍加镇压,用耙将畦面耙平即可。撒播覆土厚度为1厘米。由于播种季节不同,用种量有区别,春季温度低,种子发芽出苗较差,每667米² 用种3～4千克;晚春或夏季播种,种子发芽出苗较好,每667米² 用种2千克;秋播气温高,出苗快,采收次数少,每667米² 用种1～1.5千克。为保证播种的均匀度,可将种子与种子体积5倍的细沙混匀再播种。播种后为保证出苗,可用地膜或杂草覆盖,以保持适宜的温湿度。

(4)田间管理

①施肥 基肥每667米² 施用腐熟有机肥2 500千克左右,加入过磷酸钙25千克,与表土混合均匀。除施足基肥外,还要进行多次追肥。一般在幼苗有2片真叶时追第一次肥,过20天左右追第二次肥,以后每采收1次追肥1次。肥料种类以氮肥为主,每次每667米² 可施用稀薄的人粪尿液1 500～2 000千克,或施入尿素5～10千克。

②浇水 苋菜具有一定的抗旱性,但充足的水分供应是获得高产优质的保证,因此应经常保持田间湿润。在一般情况下,结合追肥,用浇粪稀水代替浇水,不再单独灌溉清水。但若遇到干旱,则需灌溉;遇雨涝时,及时排水防涝。

③除草 防除杂草的根本途径是选择一块杂草较少的地块种植。如发生杂草,用手拔除即可,一般是在采收时,顺便进行此项工作。

2. 反季节栽培技术 苋菜多喜温暖,较耐热,生育适温为23℃～27℃,20℃以下生长缓慢,10℃以下种子发芽困难,在反季节栽培中应模拟自然条件进行栽培。设施栽培结合露地栽培,基本可以实现周年生产。进行反季节栽培时要选用大叶型、茎秆粗壮的品种。

二十四、苋　菜

（1）日光温室栽培技术

①整地与施肥　结合翻耕，每667米²施腐熟农家肥3 000千克，整平耙细，按南北方向做成宽1.0～1.2米畦，畦埂宽30～40厘米。

②播种　苋菜播种后40天左右即可采收，日光温室反季节栽培苋菜可根据市场需求确定适宜播种时间。

苗床经过精细整地后进行播种。顺畦按行距15～20厘米开浅沟，沟深1～1.5厘米，将种子拌细沙均匀地撒入沟内，覆土厚1厘米，稍加镇压，土壤过干需浇透水，每667米²用种量1.5～2千克。

③田间管理　参照马齿苋日光温室栽培田间管理。

（2）塑料大棚栽培技术　参照马齿苋塑料大棚反季节栽培技术。

（四）采收与加工

1. 采收　苋菜一次播种可多次采收。第一次采收为挑收，即间拔一些过密植株，以后采收用刀割取幼嫩茎叶即可。基部留桩约5厘米，以利发枝供下次采收。春播苋菜一般是植株高10厘米，有真叶5～6片时进行第一次采收，20～25片以后再进行第二次采收。待侧枝萌发至约15厘米时再进行第三次采收，每667米²产量可达1 200～1 500千克。秋播苋菜播后约30天采收，一般只采收1～2次，每667米²产量约1 000千克。

2. 加工　苋菜多以鲜食为主，少数可加工成干制品。方法是：选择茎秆粗壮的植株，去掉叶片后用沸水焯一下，晒干即可。

（五）病虫害防治

　　苋菜生长健壮，病虫害较少。尤其是早春播种的苋菜，基本上没有什么病虫害。晚春初夏，苋菜的病害主要为白锈病。该病6月上旬开始发生，高温高湿条件发病重。发病植株叶面出现黄色病斑，叶背形成白色孢子堆。可用50％代森锰锌可湿性粉剂800倍液，或50％甲基硫菌灵可湿性粉剂600倍液喷洒。每隔7～10天喷1次，连喷2～3次，防治效果好。虫害主要为蚜虫，可用40％乐果乳油1500倍液喷雾防治。

二十五、地　榆

（一）概　述

地榆（*Sanguisorba officinalis* L.）又名黄瓜香、玉札、山枣子、酸赭、白地榆、鼠尾地榆，因其叶片具有黄瓜的香气而得名。在东北的山区5～6月份民间采食嫩叶，其味道鲜美可口且食药兼用，是一种极具开发价值的山野菜珍品。近年来，一些食品公司推广栽培用作开发香料，作为野菜栽培才刚刚起步。

1. 形态特征　地榆是蔷薇科地榆属多年生草本植物，高1～2米，根粗壮，茎直立，有棱，无毛。单数羽状复叶，小叶2～5对，稀7对，矩圆状卵形至长椭圆形，长2～6厘米，宽0.8～3厘米，先端急尖或钝，基部近心形或近截形，边缘有圆而锐的锯齿，无毛；有小托叶；托叶包茎，近镰刀状，有齿。花小密集，成顶生、圆柱形的穗状花序；有小苞片；萼裂片4，花瓣状，紫红色，基部具毛；无花瓣；雄蕊4；花柱比雄蕊短。瘦果褐色，有细毛，有纵棱，包藏在宿萼内。

2. 生态习性及分布　地榆的生命力旺盛，对各种气候环境的适应性很强，其地下部耐力很强，植株耐高温高湿，耐干旱，喜生于阳光充足的山坡草地、荒地、田边、灌木丛及柞林缘等海拔500～1 300米的地带。除寒冷的冬季外，其余季节都能生长新叶。主要分布在我国东北、华北、化中、华南、西南地区。

（二）种苗繁育

1. 种子繁殖　秋播或春播均可,北方露地栽培,可从春季至夏末进行直播,条播或穴播均可。最好选择排水良好、土层深厚、疏松肥沃的地块种植。如地力较贫瘠,宜多施基肥,一般每667米^{2}施腐熟农家肥2 500千克。深耕20～25厘米,耙细整平后做畦播种,畦宽120～150厘米。条播时,按行距40厘米开深1～1.5厘米的浅沟,将种子均匀播入沟内,覆土,稍加镇压,再浇水。出苗前保持土壤湿润,约2周出苗。每667米^{2}播种量3千克。点播:株距25厘米,每穴放种子2～3粒,播后覆土约1厘米厚。育苗移栽:条播或撒播,每667米^{2}用种750克,育出的苗可种植大田0.67～1公顷。

2. 分根繁殖　春季在地榆萌芽前或秋季采挖。将粗根切出入药,用带茎芽的小根作种苗,每株可分成3～4小株,按行距30～40厘米,株距25厘米挖穴,穴深视种苗大小而定,每穴栽种1株,栽后覆土,浇足定根水。

（三）栽培技术

1. 林下、荒坡地栽培技术

(1)整地做畦　深翻土地30厘米左右,每667米^{2}施入腐熟优质农家肥2 500千克,耕细整平后做畦播种。畦宽100～120厘米,长10米左右或随地形而定,畦埂宽30～40厘米。条播时横床开深1～1.5厘米的浅沟,将种子均匀播在沟内,覆土,稍加镇压,再浇水,出苗前保持土壤湿润,约2周出苗。每667米^{2}播种量3千克。

二十五、地 榆

(2)管理技术

①间苗　直播田在幼苗高 5～7 厘米时,按株距 10 厘米间苗。待苗高 10～13 厘米时,按株距 20～25 厘米定苗。

②中耕除草　幼苗期结合间苗进行除草、松土,保持田间清洁无杂草。为防止倒伏,松土后在根部壅根。

③追肥浇水　地榆虽然生长粗放,也少见病虫危害,但若长期干旱缺肥,会使植株提早抽薹开花,趋向野生状态。为取得品质好、产量高的产品,需经常灌溉,使土壤保持见干见湿状态,并少量多次施用氮肥,特别是每次采割后,宜增施肥料,少施勤施,越冬前浇 1 次冻水。翌春为提早采收上市,宜早灌水。

2. 日光温室反季节栽培技术

(1)整地与施肥　结合翻耕,每 667 米² 施腐熟农家肥 2 500千克,整平耙细,按南北向做成宽 1.2～1.5 米畦,畦埂宽 30～40厘米。

(2)定植　在日光温室内按 20～25 厘米的株行距进行定植。为提高产量,尽可能地密植。栽植要求:苗根系完整,应尽量不伤根系,不要窝根。栽后浇 1 次透水,水渗后如有定植穴渗土现象,要用手抓土填平。

(3)田间管理　地榆的田间管理较粗放,也没有病虫危害,但要经常浇水,使土壤保持湿润状态,并少量多次施用氮肥,最宜施腐熟的人尿。特别在采摘嫩叶后,用腐熟尿水 1 份加水 4 份追施,或用速效氮肥追施,可促使叶片生长,延缓抽薹开花期,甚至不开花。如果只采收嫩叶栽培,在植株刚开始抽薹时把花薹摘去,能促使分蘖生长新叶。在苗期及时进行中耕除草。

3. 塑料大棚反季节栽培技术

(1)整地做畦　秋季搭建宽 10 米、长 70 米南北延长的塑料大棚骨架,深翻土地 25 厘米左右,每 667 米² 施入腐熟优质农家肥3 000 千克左右,沿南北方向做 6 条长畦,畦宽 1.3 米,深 15 厘米,长 10～15 米,畦间距 30 厘米。大棚内沿南北方向架设 2 条微喷供水管带,距地面高度为 60 厘米。

(2)定植与管理　将地榆苗按 20～25 厘米的株行距进行定植。为提高产量,尽可能地密植。定植后立即开水管喷透定植水,第二天再喷 1 次缓苗水,以后视天气情况喷水。平时要注意除草,上冻前喷 1 次透水以利越冬。

(3)扣棚膜升温与管理　翌年 3 月初,将地上部分枯萎的枝叶清理出棚,集中烧毁,然后扣塑料薄膜升温,升温后喷 1 次透水。白天气温维持在 25℃左右,中午气温达到 30℃时及时放风降温。升温 1 周左右开始萌芽,30 天后便可采收,一直可采收到秋季。至 5 月中旬揭膜,把膜保存好下一年春继续使用。

（四）采收与加工

1. 采收　播种出苗后结合间苗采收嫩苗。随着植株长大,采收嫩叶,以手折能断者为嫩品,大面积种植可用镰刀收割,嫩叶不宜贮藏,宜鲜食。

做药材用采收根者,不采收叶片。药用根茎的采收,于春季发芽前或秋季苗枯萎后采挖,除去茎叶及须根,洗净晒干出售。

2. 加工　嫩苗、嫩叶的干制(人工干制)流程如下。

(1)原料　春夏季选晴天采收嫩苗、嫩叶或花穗,嫩苗要去根,叶片应以纤维未老化为好,花穗应从茎基切下,采摘后整齐地装入筐中,避免日晒。

(2)整理、清洗　采收后进行排选整理,嫩苗需除去根系,清洗去根土等杂物,略沥去明水,即可水焯。

(3)水煮　煮菜的锅必须无油、不锈,锅里先放好大笊篱,以便翻动和及时出锅;煮菜时的水菜比例是 3∶1,下菜时火要旺,水要沸腾,菜应全部浸入水中,使受热均匀,并不断翻动。水沸后约 1

分钟,将菜捞出,迅速将之浸入冷水中使其冷却、散开,摊于竹席或挂于竹架上晾晒。每锅水最多煮 3 次,否则会影响干菜质量。

(4)晾晒　将煮好的地榆摊放在竹席上或挂于竹架上晾晒,用竹席晾晒的需经常翻动,如阳光充足时约 20 分钟翻动 1 次。晒菜时不要受雨淋和露水打,白天未晒干的菜,日落后必须将菜连晾晒竿一起搬入通风的室内。如遇阴雨天可次日再搬到室外晾晒,如此连晒 2~3 天菜成墨绿色(每 100 千克鲜地榆可晒成 9~10 千克的菜干),即将干菜整齐地码放于草席上使之回潮并揉软。

(5)包装、保存　将干菜顺齐,按收购部门的要求分成 0.5 千克一束捆好,再封装在塑料食品袋内,存放于通风干燥处,严禁同有味物品存放在一起。

(6)商品要求　优质的地榆干菜色泽墨绿,较柔软,含水量不超过 13%,浸泡后复原率不低于 8 倍,无霉变,无杂质和异味。

(五)病虫害防治

地榆少见病虫害。在作药用栽培时,有时会发生根腐病。发病时,根中下部出现黄褐色锈斑,之后逐渐干枯腐烂,植株枯死。初时发现病株,应及时拔除烧掉,并全面喷 50%肼·锌·福美双可湿性粉剂 1 000 倍液,每隔 15 天 1 次,共 3~4 次。

二十六、蕨　菜

（一）概　述

蕨菜[*Pteridium aquilineum*（L.）Kuhn]又名蕨，俗名蕨菜、如意菜、狼萁，为凤尾蕨科蕨属大型多年生草本植物。蕨菜是我国历史上的一种传统野菜，是具有独特风味和营养丰富的山野菜。

1. 形态特征　蕨菜为多年生草本植物。地下根茎黑褐色，长而横向伸展，直径 0.6～0.8 厘米，长 10 厘米，最长可达 30 厘米。叶由地下茎长出，为三回羽状复叶，总长可达 100 厘米以上，略成三角形。蕨菜一般株高达 1 米。早春新生叶拳卷，呈三叉状。叶柄鲜嫩，上被茸毛，此时为采集期。叶柄长 30～100 厘米，叶片呈三角形，长 60～150 厘米，宽 30～60 厘米，2～3 次羽状分裂，下部羽片对生。叶缘向内卷曲。叶柄细嫩时有细茸毛，草质化后茎秆光滑，茸毛消失。夏初，叶里面着生繁殖器官，即子囊群，呈褐色。褐色孢子囊群连续着生于叶片边缘，有双重囊群盖。子囊群为繁殖器官，内含大量孢子，子囊成熟破裂时孢子撒出散落在潮湿的地方萌发形成原叶体，产生精子器和颈卵器，精子器产生的精子和颈卵器中的卵受精后形成胚，从原叶体中吸收养分发育成具有根茎和叶的独立植株，后原叶体死亡。

2. 生态习性与分布　蕨菜适应性较强，喜光、湿润、冷凉的气候条件，既耐高温，又耐低温。32℃时能正常生长，－36℃低温宿根能安全越冬，嫩叶在－5℃受冻害，气温 15℃、地温 12℃时，叶片

二十六、蕨　菜

开始迅速生长,孢子发育的适宜温度是 25℃～30℃,在光照较多时生长发育较快,植株高大。不耐干旱,对水分要求较多,喜欢湿润的环境条件。对土壤要求严格,在土层深厚、富含有机质、排水好的中性或微酸性土壤中生长良好,野生的蕨菜多生长在山区阳坡稀疏针叶、阔叶混交林中。

蕨菜广泛分布于世界各地,我国从南到北、从东到西都有生长,尤以东北三省、河北、内蒙古、湖南、贵州等最为有名,是国内蕨菜主要出品基地。

(二)种苗繁育

1. 匍匐茎、根状茎的采收与扩繁　将蕨菜的匍匐茎、根状茎分段进行栽植,每段上必须带根带叶才易成活。这种繁殖方法操作简单,投入的成本较低,而且生长的速度较快。从匍匐茎、根状茎段栽植到可以采收商品的时间为 2～3 年。在野生资源丰富的地区,可采用此种方法。栽植的时间可在早春 4 月份至 5 月中下旬进行,也可在晚秋 9 月下旬至 10 月上中旬进行。野生蕨菜一年四季都可移栽成活,但实践证明,于 4 月底至 5 月初采挖最适合。采挖的匍匐茎、根状茎段应在 20 厘米左右且带有 2 个以上的叶芽,并及时移栽,防止太阳暴晒和风吹雨淋。

2. 无性芽孢繁殖　有些蕨类植物在羽片腋间和叶轴顶部下面会长出芽孢,有的轴顶端分生组织着地而产生新株,或营养叶顶着地也能产生新株。

3. 孢子繁育　利用蕨菜孢子繁育新植株,繁殖速度快,效率高,易于大面积推广,既可以保护蕨菜的野生资源,又可以提高蕨菜商品质量和产量。

(1)孢子的采集和处理　生长孢子囊群的蕨菜孢子叶羽片呈棕褐色,羽片向背面卷曲。蕨菜的孢子在 6 月中下旬到 7 月初发育成熟，要及时采收，以避免孢子囊开裂孢子脱落飞散。采收时将长有孢子囊群的羽片连同叶柄一同剪下，放入纸袋中封闭，然后将采收的蕨菜叶敞在室内干净的塑料布上摊平，有孢子囊的一面朝下，自然风干，室内环境要干净、干燥、清爽，7～10天后孢子囊自然开裂，孢子散落在塑料布上，搜集后装入容器中，于干燥处存放。采收后的孢子应及时播种，如不能播种应将孢子放入冰箱中，温度保持在0℃以下保存。蕨菜孢子在播种前用300毫克/千克赤霉素处理15分钟，能促进孢子萌发。

(2)配制营养土及处理　营养土的材料有山皮土、园田土、珍珠岩、河沙、腐熟农家肥等，一般采用富含腐殖质的山皮土和用细筛筛过河沙，然后按1∶1比例混合均匀，或园田土、珍珠岩、腐熟农家肥用细筛筛过后按2∶2∶1的比例混合均匀。调节营养土的pH值在6～7，营养土配制好后，用聚乙烯塑料包裹后放入蒸锅内蒸汽灭菌4～5小时备用。

(3)播种　先做一个长1米、宽0.5米、高0.1米的木箱。剪掉包裹营养土的塑料布，放入高锰酸钾溶液中浸泡15～20分钟，消毒后铺在木箱底上。然后将经过消毒后的营养土放入木箱，在操作过程中防止杂菌感染，待营养土温度下降到20℃左右时进行播种。播种时将处理过的蕨菜孢子倒入盛水的喷壶中摇均匀后，均匀撒播在营养土的表面，不需盖土。撒完孢子溶液后，用经过消毒的塑料布将营养土封严，将木箱置于蔽光潮湿的环境条件下，温度控制在25℃，并保持90%的空气相对湿度。

(4)播后管理　孢子撒入营养土后，将温度控制在25℃、空气相对湿度控制在90%条件下进行培养。在温湿度适宜的条件下，30天左右孢子即可在营养土的表层形成淡绿色的扇形原叶体。此时，应将营养土箱置入半日照的光照条件下，增加光照，每天的光照时间在4～5小时。同时，要保持营养土80%～90%的相对含水量，湿度不够时要经常浇水，用喷壶喷淋即可，要小水勤浇，切忌大水漫灌。在播种后 50 天左右长成扁平心脏形或带状的配子体,在配子体的腹部长出颈卵器和球形精子器。这时每天喷雾 2 次,连续 1 周,精子借水流动出来与卵结合形成胚。1 周后发育成孢子体小植株。

(5)孢子体的移栽 播种后 70～80 天蕨菜孢子体长出 3～4 片叶后进行第一次移栽,仍需用营养土作床土,温湿度管理和在木箱中相同。营养土的配制方法同前,但不用高温灭菌。1～2 周后移到温床外,小苗长到 4～5 厘米后,进行第二次移栽或定植。首先进行选地做床。选择富含腐殖质、土层深厚、土质肥沃且土壤含水量较好的地块作为移植蕨菜幼苗的培育田。每 667 米² 施入 3 000～3 500 千克腐熟优质农家肥,按宽 1.2 米做床,床高 8～10 厘米,整平床面,然后移植。按沟深 3～4 厘米、沟宽 8～10 厘米,横着苗床方向开沟,把蕨菜的幼苗按株距 6～8 厘米、行距 12～15 厘米将蕨菜栽入沟内,每平方米可定植蕨菜幼苗 80～100 株。定植后立即浇水,保持床土湿润。加强田间管理,可选用透光率 50%的遮阳网进行遮光。幼苗定植后 5～7 天,开始缓苗,要经常进行小水勤浇,每天浇 1 次,保持土壤潮湿,浇水需在早晚进行。幼苗缓苗 1 周后用稀的人畜粪对水浇灌,用量不可过大,以免烧苗。当苗高 15 厘米左右可于行间施入腐熟农家肥,施肥后应灌足水分。注意及时清除苗床杂草。

(三)栽培技术

1. 林下、荒坡地栽培技术 林下、荒坡地栽培蕨菜,多采用蕨菜的匍匐茎、根状茎段进行栽培。采挖野生的匍匐茎、根状茎段定植于荒山空地中或栽植于大田中。尤其是在荒山上栽培,其生长的环境接近于自然条件,生产中投入的成本较低,管理粗放,节省工时,是目前生产中较为常用的一种栽培方法。在大田中栽培,肥水供给方便,栽培的密度较大,产量高,经济效益显著。

(1)清理场地　挑选土质疏松肥沃、含水量较好的半阴半背的山地作为栽植地。疏林的林中、林下、林缘处,山坡沟旁,山脚下,河溪边等地块均可栽植。在栽植前,对栽植场地进行清理。将能够起到遮光作用的树木留下,杂草及灌木清理干净。在大田栽植,一般采用高秆作物如玉米、高粱等间作,以起到遮光的作用。

(2)栽植　在荒山上栽植蕨菜,一般采用穴坑栽植,也可采用长沟条栽。可根据地形地势挖坑栽植。坑穴大小一般在 30 厘米^2,深度在 15～20 厘米。如有条件可在挖好的坑穴内放入一定量的腐熟农家肥。然后将采集的蕨菜根茎栽植入坑内,覆土,踩实,覆土厚度为 3 厘米左右。若栽植培育的幼苗,坑穴的大小视秧苗根系的大小而定,覆土不能过厚,一般以不没过秧苗的新叶为宜,栽后浇足定植水。用蕨菜根茎栽植,每 667 米^2 可栽植蕨菜根茎 3 000～3 500 株,幼苗为 9 000～12 000 株。

(3)田间管理

①肥水管理　栽植时应在栽植沟内灌透水,以保证栽植成活率。生长期勤浇灌,使土壤相对含水量达到 70%;雨季地内积水应及时排除,以免涝害引起的匍匐茎、根状茎腐烂。露地栽培需 3～4 年更新 1 次,栽植前要施入充足的腐熟农家肥及磷肥,每 667 米^2 施入有机肥 1 000～1 500 千克、磷酸二铵 10 千克。第二年后,每年秋季要施入鸡、猪、马粪等作盖头粪,随着松土翻到土层中。这样不仅增加了土壤肥力,疏松了土壤,还可起到保温防寒及保湿作用。如果粪源不足,可以覆盖落叶,也有一定作用。栽植后的蕨菜匍匐茎、根状茎段在 5 月初期,当温度条件适宜,幼叶便开始萌发出土。应将蕨菜周边的杂草清理干净,以增加通风透光性,利于幼叶的良好生长。同时应追肥 1 次,可用腐熟农家肥或有机肥追施于蕨菜匍匐茎、根状茎段旁。生长期间应多次追施薄肥,可采收 1 次施 1 次肥,施肥在采收 2～3 天后进行。入冬以枯草覆盖,以

保湿防寒;初春发芽前应及时浇水和追肥,促进茎叶萌发。

②松土除草 为防止土壤板结和草荒,生长期间应及时中耕除草,尽量做到田间无杂草。

③更新匍匐茎、根状茎段 蕨菜的匍匐茎、根状茎段在长几年后便逐渐老化而枯死,因此要进行更新。一般在3～4年生的田间,于秋季用带犁刀的轮式拖拉机切断蕨的部分匍匐茎、根状茎,这样可保障连年收获而不致大幅减产。

2. 反季节栽培技术 蕨菜多生长在土层深厚、富含有机质、排水好的中性或微酸性的山区阳坡的稀疏针叶、阔叶混交林中,故在反季节栽培中应模拟自然条件进行栽培。利用温室、大中小拱棚,结合露地生产,基本可以实现周年生产。在品种选择上,最好选用当地野生品质好的品种。

(1)冬季日光温室反季节栽培技术

①整地与施肥 结合翻耕,每667米^{2}施腐熟农家肥3 500～4 000千克,整平耕细,按南北向做成宽1.2～1.5米畦,畦间留有0.3～0.4米作业道。

②定植 日光温室栽培蕨菜一般根据市场需求确定移植时间,在7月份到9月中旬采集匍匐茎、根状茎、芽孢和孢子进行定植或育苗移植。在日光温室内按15～20厘米的株距和行距进行定植,每穴2株。为提高产量,尽可能密植。特别是用孢子繁育的幼苗。栽植要求:苗根系完整,尽量不伤根系,栽植时理顺根系,不要窝根。栽后浇1次透水,水渗后如有定植穴渗土现象,再用手抓土填平。

③田间管理 一般在土壤封冻前扣棚膜,温度掌握在20℃左右,高于25℃要及时放风。此期为休眠过渡期,苗畦不要浇水,只要严格掌握住温度即可。扣棚至萌芽需要20天时间,在扣棚15天以后可升至25℃。白天保持25℃～28℃,晚间一般在9℃～12℃。当幼苗长至2～3厘米高时,适当降低温度,防止徒长,以促

进根系发育。进入采收期白天温度保持着 18℃～20℃,夜间保持着 12℃～15℃,茎粗叶厚。在苗高 3～5 厘米时进行松土,并拔除杂草,每 667 米² 施稀薄人畜粪水 1 000～1 500 千克;浇水本着不干不浇的原则,切忌大水漫灌,浇水后及时放风,温室内空气相对湿度保持在 75%～85%。萌芽至第一次采收需要 10～15 天,当幼茎长到 20 厘米时即可采收幼芽。采收标准以嫩叶未展开为宜。每 7 天采收 1 次。

(2)塑料大中棚反季节栽培技术 在东北地区利用塑料大中棚生产,可以达到春季提早和秋季延迟 1～1.5 个月以上;在华北及西北地区可提早至 3 月份,在华南地区可以进行越冬生产。

①扣棚及整地 大中棚栽培蕨菜,要于头年冬上冻前将地平整好,支好骨架,并挖好压膜的沟,翌年春移植前 20 天左右将棚扣好烤地,同时施优质有机肥 3 000 千克,深翻 30 厘米左右,并将粪土混匀。

②移植时期、方法、密度 移植时期为 3 月上旬至 4 月上旬,也可以在头年的 8～9 月份定植,翌年提早扣棚。早春定植时,当室内 10 厘米地温稳定在 5℃时即可定植。移植后如果是单层膜覆盖,最低气温要稳定在 3℃时可以移植;若移植后采用双层膜(大中棚外加内扣小扣棚)覆盖,可在 0℃时移植。移植时最好选在寒潮的尾期、暖潮刚来时的晴天上午进行,移植后有几个晴好天气有利于地温的回升,促进出苗。大中棚多采平畦条栽的栽培方式,移植后为促进地温的回升,最好采用地膜覆盖的方式。

③移植后的管理 移植后立即闭棚提高温度,温度低时在棚内要临时搭设小拱棚,当棚内的气温达 25℃时也不必放风,尽量白天积蓄较多的热量,如果夜间温度低要在棚的四周围草苫以进行保温。其他如温度、肥水等管理与日光温室栽培管理基本相同。当外界气温升高,大中棚栽培要在最低气温在 15℃时进行昼夜通风;当气温逐渐回升进入高温期,要将棚顶部的塑料卷到肩部固

定，并撤掉四周的围裙，利用顶部的塑料进行遮阳栽培。采收期结束后，进入高温期，要加强肥水管理进入养根阶段，积累营养为明年生产打下基础。

（3）塑料小拱棚反季节栽培技术　利用塑料小拱棚进行反季节栽培可以达到提早上市的目的，可比露地提早1个月左右。当外界最低气温在5℃以上，地表化冻达10厘米时即可整地移植。选择地势平坦、向阳、背风的地块，整地、施肥、做畦、移植和露地相同，移植后地面覆盖地膜，插上骨架，覆盖塑料薄膜做成小拱棚，有条件的可以在小拱棚外覆盖草苫等覆盖物进行保温，白天撤掉覆盖物提高温度，夜晚再盖上。春天温度低，蕨菜生长速度慢，时间长，只要保持土壤湿润（底墒充足）即可，基本不用浇水。如果移植时土壤墒情不好，可在晴天的上午用喷壶浇少量水，切忌大水漫灌。随着外界温度的升高，白天可适当放风，放风时宜在小拱棚的顶部开风口，切忌在小拱棚的底部扒缝放扫地风。外界最低气温达到8℃以上时，可以去掉外保温覆盖材料。蕨菜长到20厘米左右时即可采收。采收方法与露地相同。也可以在露地生产的基础上，在早春加扣小拱棚进行生产。

（四）采收与加工

1. 采收　蕨菜种植1次可采收10多年，各地气候条件不同采收期不同，一般在3月下旬至6月上旬间陆续采收，低山缓坡可稍早，中高山区迟些。南方早些，北方迟些。在蕨菜长出土面20～25厘米高，叶柄幼嫩，顶叶尚未展开像"拳头状"时为采收适期。要适时采收，过早采收产量低，过迟采收茎秆纤维素老化，影响食用品质，并对翌年收获有不良影响。采收时，可用刀割或用手掐，要尽量贴近地面。采收1次后，10～15天可采收第二次，一年可连续采收2～3次。蕨菜根状茎一般在每年10月份至翌年2月份挖掘,此时蕨根的淀粉含量最高。

2. 加工 蕨菜可鲜食或晒制干品,也可以腌制。蕨菜鲜品在食用前应先在沸水中浸烫,然后在冷水中浸泡,以清除其表面的黏质和土腥味再食用;家庭制作干品时将蕨菜用沸水烫后晒干即成。吃时用温水泡发,再烹制各种美味菜肴。

(1)干制加工 大量生产蕨菜干制品的方法是:将清洗整理好的蕨菜投入沸水中烫7~8分钟。热烫液中一般加入0.2%~0.5%柠檬酸和0.2%亚硫酸钠再进行热烫,蕨菜与热烫液的比例为1:1.5~2。热烫结束后,立即用流动清水将蕨菜冷却至常温,然后晾晒或烘干。为防止蕨菜内外水分不均,特别要防止过干使蕨菜表面出现折断和破碎,应剔除过湿结块、碎屑,并将其堆积1~3天,以达到水分平衡。同时,使干蕨菜回软,以便压块或包装。

蕨菜成品应在低温低湿条件下贮藏,贮藏温度以0℃~2℃为宜,不宜超过10℃,空气相对湿度在15%以下。

(2)腌制加工 腌制加工可分2次进行。

①第一次腌制 第一次腌制也叫初腌,将清洗整理好的蕨菜按10:3的比例用盐腌制。方法是先在腌制器具的底部撒一层厚约2厘米的食盐,再放一层蕨菜,厚约5厘米,随后一层盐一层菜地依次装满腌制器,最上层再撒2厘米厚的食盐,上压石头,腌制8~10天。

②第二次腌制 第二次腌制也叫倒缸。将蕨菜从腌制器中取出,从上到下依次码放到另一个腌制器中,蕨菜和食盐的比例为20:1,一层盐一层菜地摆放;用35%盐水灌满腌制器,蕨菜表面压一重物,腌14~16天即为成品。

(3)盐渍加工 将清理分级好的蕨菜装桶盐渍。盐渍液的制备:将42%柠檬酸、50%偏磷酸钠和8%明矾分别研碎,充分混合后用10倍水调成溶液待用。在饱和盐水中加入调酸水,使盐渍液

二十六、蕨 菜

的 pH 值达 3.5～4.5，待用。桶内先加入 5％食盐，再加入蕨菜，在蕨菜表面再撒上 10％食盐，在桶内加满盐渍液，排尽桶内的空气，将盐渍桶密封即得成品。

（4）铝塑复合袋包装腌制蕨菜　以往腌制蕨菜加工简单，不易贮藏和长途运输，影响品质与销路。近年来，一种采用铝塑复合袋包装的新工艺问世，在保持蕨菜色绿、脆嫩、清香爽口等基本特色的同时，外观精美，保存期长，携带方便、卫生，产品附加值高。方法如下。

①盐腌　按 7 份菜、3 份盐备料。先在浸腌池内撒层底盐，然后一层菜一层盐放匀，最后再用盐层封顶，压紧 10～15 天后出池。

②脱盐　将浸腌好的蕨菜投入水池中，清洗 6～7 小时，然后换水，再次清洗 3～4 小时。为缩短脱盐时间，可作适当搅拌，但要避免破碎。

③复绿　取试剂级硫酸铜作复绿处理。复绿时，溶液温度一般控制在 65℃～70℃，硫酸铜添加量以 pH 值在 6 左右为宜。复绿过的蕨菜基本接近新鲜时的色泽，之后再清洗 2～3 遍，使黏附在蕨菜上的硫酸铜的残留量不超过 10 毫克/千克。

④脆化　将复绿后的蕨菜浸渍于 0.6％氯化钙溶液中，润湿后投入密封容器进行抽真空脆化处理，抽真空的真空度保持在 0.08 兆帕，温度 50℃～55℃，时间 20 分钟。因蕨菜内含果胶类物质，受热会产生果胶酶，与金属离子相互作用形成凝胶状态的果胶酸钙，从而维持脆性。

⑤装袋、杀菌　汤汁以 3.5％食盐溶液为主，适当添加其他调味料后用柠檬酸调 pH 值至 6 左右。按每 0.5 千克袋加汤汁 75～85 毫升装袋，热压密封，随即在 105℃蒸汽中杀菌 20 分钟得到成品。

（5）蕨菜保鲜技术　蕨菜保鲜的工艺流程：新鲜蕨菜→挑洗→漂烫→护绿保脆处理→热酸（醋酸溶液）包装→速冷→检验→成品。操作要点如下。

①挑洗　将适时采摘的新鲜蕨菜按长度不同分堆整理，清洗干净。

②漂烫　将蕨菜置于 85℃～90℃ 的 1% 盐水中漂烫约 3 分钟，捞出，沥干水分。

③护色　将漂烫过的蕨菜投入 0.02% 氯化镁、0.03% 乳酸锌、0.40% 氯化钙、0.02% 天然护色伴侣（f 型）组成的复配护绿保脆剂处理浸泡液中浸泡 12 小时，然后捞出，用清水漂洗，沥干水分。

④热包装、速冷　蕨菜装袋，加入 90℃～95℃ 的 0.18% 醋酸溶液，常压封口；8 分钟后投入凉水中速冷至室温。

⑤检验　室温观察，180 天后符合产品质量标准即为合格。

（五）病虫害防治

1. 灰霉病　主要危害植株的茎和叶。发病茎叶呈水渍状腐烂，严重时整株枯死。防治方法：降低湿度，定期喷药，以预防为主。一旦发现病害，应立即用 50% 多菌灵可湿性粉剂或 70% 代森锰锌可湿性粉剂 500 倍液喷雾，每隔 7～10 天 1 次，连续喷 2～3 次，注意交替用药，以防产生抗药性。

2. 立枯病　发病植株叶片绿色枯死，而茎秆下部腐烂，呈立枯状。发病初期病株生长停滞，缺少生机。然后出现枯萎，叶片下垂，最后枯死。病株根茎处变细，出现褐色、水渍状腐烂。潮湿时，自然状态下病斑处也会产生蛛丝状褐色丝体。防治方法：苗床土壤进行消毒，并用腐熟肥料作基肥，忌积水。发现死苗应及时清除。定植后出现立枯病时，每隔 10 天喷 20% 甲基立枯磷乳油 1 500 倍液，或用 50% 克菌丹可湿性粉剂或 50% 福美双可湿性粉剂 500 倍液浇灌。

参考文献

[1] 王振斌．浅谈刺五加栽培技术与病虫害防治[J]．化工之友，2007.3.

[2] 刘静宇．本溪地区大叶芹栽培技术研究[J]．吉林农业，2010.12.

[3] 杨巍，王建辉．大叶芹生产技术[J]．吉林农业，2011.3.

[4] 宋任贤，魏明杰，王洪波．温室大叶芹生产技术[J]．吉林蔬菜，2009.5.

[5] 孟庆杰、王光全．山珍野菜大叶芹及其栽培技术[J]．北方园艺，2006.4.

[6] 张学政，崔文革，李洪贤，等．野生蔬菜——老山芹人工栽培技术[J]．林业实用技术，2000.2.

[7] 刘继德，谭玉琴．老山芹人工栽培及食用方法[J]．中国农学通报，1997(13).2.

[8] 刘景德，董文华，武姝．东北羊角芹林下小拱棚促成栽培[J]．特种经济动植物，2010.6.

[9] 邓守哲，杨春玲，付政文，等．野生风花菜的设施栽培技术[J]．北方园艺，2006.4.

[10] 马成亮．风花菜的栽培[J]．特种经济动植物，2004.4.

[11] 王探应，陈永顺．荠菜栽培技术要点[J]．西北园艺，2002.4.

[12] 卢隆杰,苏浓,岳森.荠菜的高产高效栽培[J].四川农业科技,2007(7),37-38.

[13] 张辉.荠菜栽培技术[J].现代化农业,2003.5.

[14] 许传勇,王娟,于翠霞,等.温室柳蒿芽人工栽培技术[J].吉林蔬菜,2003(3),6.

[15] 李盛旻,闫向东.柳蒿小拱棚早熟栽培[J].北方园艺,2008.9.

[16] 罗运丰.无公害柳蒿栽培技术[J].农村新技术,2005(6):11.

[17] 马生莲.苣荬菜的栽培技术[J].青海农技推广,2007(2):36.

[18] 杨乃博.蒲公英叶片的不定芽分化及其丛芽增殖[J].植物生理学通讯,1992(6):436.

[19] 张宝华,安玉红,孙涛.长白山区桔梗栽培技术[J].中国林副特产,2010(4):61-62.

[20] 李一平.玉竹标准化生产加工技术[J].中国农技推广,2004(1):60-61.

[21] 刘青.野生玉竹的繁育技术[J].致富之友,2005(4):21.

[22] 吴晓东,陈媛媛,王洪学,等.东北林区玉竹栽培技术[J].林业勘查设计,2009(2):77-78.

[23] 沈健,唐纪华,陆亦农.紫苏大叶保护地生产技术[J].上海蔬菜,2005(6):16-17.

[24] 包春艳.紫苏栽培技术[J].现代园艺,2011(13):43-44.

[25] 张利英,李贺年,谢晓美.日光温室叶用紫苏优质高产栽培技术[J].北方园艺,2010(11):70-71.

[26] 吕宏珍,迟福惠,邓书岩,等.大棚紫苏优质高产栽培

技术[J].蔬菜,2010(8):12-13.

[27] 黄群策,贾宏汝,王红艳.马齿苋植物的无性系及其植株再生体系[J].北方园艺,2007(2):142-145.

[28] 张福侠.山野菜猫爪子栽培技术[J].现代化农业,2010(8):30-31.

[29] 韩晓弟,李岚萍.野生蔬菜苋菜及其栽培利用[J].特种经济动植物,2004(10).

[30] 滕雪梅.苋菜栽培技术[J].经济作物,2006(10).

[31] 于淑玲.日光温室无公害苋菜栽培技术[J].现代农业科技,2010(2):142.

[32] 马成亮,周海.地榆的栽培与利用[J].特种经济动植物,2002(8).

[33] 薛志成.蕨菜产品的开发[J].保鲜与加工,2006,6(5):30.

[34] 孙涛,李业巍,张倩,等.蕨菜的人工栽培技术[J].人参研究,2007,19(1):32-33.

[35] 刘春香.蕨菜的加工技术[J].现代农业,2007(7):13.

[36] 郑云翔,唐伟斌.北方山蕨菜棚栽无公害生产技术[J].北方园艺,2007(8):93-94.

[37] 黄保健,王宝海.特种蔬菜栽培[M].福州:福建科学技术出版社,2005.

[38] 宁伟,张景祥.辽宁野菜资源栽培与利用[M].北京:中国农业科学技术出版社,2008.

[39] 赵培洁,肖建中.中国野菜资源学[M].北京:中国环境科学出版社,2006.

[40] 孙连慧.保护地无公害野菜栽培技术[M].抚顺:中国时代出版社,2005.

[41] 刘厚诚,刘新琼,饶璐璐,等.野菜栽培与加工技术[M].北京:中国农业出版社,2004.

[42] 陈功,王莉.山野菜保鲜贮藏与加工[M].北京:中国农业出版社,2006.

[43] 刘宏宇,怀凤涛,吕桂菊.北方特产山野菜生产与加工关键技术[M].哈尔滨:黑龙江科学技术出版社,2008.

[44] 金文元,金丹.15种山野菜丰产栽培彩色图说[M].北京:中国农业出版社,2001.

[45] 于锡宏,蒋欣梅,吴继宏.绿色山野菜栽培技术[M].哈尔滨:黑龙江科学技术出版社,2004.

[46] 李荣和,于景华.林下经济作物种植新模式[M].北京:科学技术文献出版社,2010.